从小爱吃的家常菜

妈妈的味道

甘智荣——主编

中国烹饪大师、环球厨神大赛获奖者倾力推荐

新疆人民出版总社
新疆人民卫生出版社

图书在版编目（CIP）数据

从小爱吃的家常菜 / 甘智荣主编. -- 乌鲁木齐 :
新疆人民卫生出版社, 2016.6
（妈妈的味道）
ISBN 978-7-5372-6582-9

Ⅰ. ①从… Ⅱ. ①甘… Ⅲ. ①家常菜肴－菜谱 Ⅳ.
①TS972.12

中国版本图书馆 CIP 数据核字 (2016) 第 112903 号

从小爱吃的家常菜

CONGXIAO AICHIDE JIACHANGCAI

出版发行 新疆人民出版总社
新疆人民卫生出版社

责任编辑 张 鸥
策划编辑 深圳市金版文化发展股份有限公司
摄影摄像 深圳市金版文化发展股份有限公司
封面设计 深圳市金版文化发展股份有限公司
地　　址 新疆乌鲁木齐市龙泉街 196 号
电　　话 0991-2824446
邮　　编 830004
网　　址 http://www.xjpsp.com

印　　刷 深圳市雅佳图印刷有限公司
经　　销 全国新华书店
开　　本 173 毫米 ×243 毫米　16 开
印　　张 15
字　　数 250 千字
版　　次 2017 年 2 月第 1 版
印　　次 2017 年 2 月第 1 次印刷
定　　价 39.80 元

前言

QianYan

民以食为天，一方水土养育一方人，“家”是每个中国人心中永远的主旋律。有人说过，妈妈在哪儿，家就在哪儿。这句话说的真好，女性作为妻子、妈妈，操持家务和养育孩子成长是她们首要的职责。所以，在家里常常可以看到妈妈忙前忙后，把家收拾得整整齐齐、干干净净，还有那一桌子从小吃到大却百吃不腻的饭菜。妈妈的家常菜，是平凡的，也是最好吃的，即使妈妈慢慢变老，她烧出的菜依旧充满着爱的味道。

每一位妈妈都是天生的美食家，听妈妈的话，好好孝顺妈妈，留住妈妈的味道，就是对妈妈最好的报答！

《妈妈的味道：从小爱吃的家常菜》是一本向妈妈致敬的菜谱书，也是一本写给热衷美食的年轻人的菜谱书。食材是美味的根本，本书以食材为主线，选取76种常见易得的好食材，经由营养专家精心搭配，用最适合的烹饪方法，152道健康佳肴新鲜出锅！本书每道菜例一步一图，图文示范，步骤详细，文字简洁明了，数百份日积月累的妈妈厨艺经验，无保留奉献，更有全国独家高清视频，扫描二维码免费学做菜，从此下厨不再手足无措，在每个温馨的日子里，和妈妈一起完成一桌爱的盛宴！

Part 1 妈妈的美味秘籍

002 食材的选购、保存
007 食材的处理
012 基础烹饪方法
015 基础高汤做法

Part 2 健康好鲜蔬

018 **黄瓜**
019 泡椒黄瓜
020 黄瓜鸡蛋炒饭
021 **苦瓜**
022 拌苦瓜
023 苦瓜肉丝
024 **南瓜**
025 南瓜饼
026 腊肠蒸南瓜
027 **丝瓜**
028 虾米丝瓜汤
029 香菇烧丝瓜
030 **番茄**
031 番茄炖牛腩
032 西蓝花番茄意大利面
033 **茄子**
034 地三鲜
035 黔味凉拌茄子
036 **胡萝卜**
036 胡萝卜炒牛肉
037 胡萝卜炖羊排
038 **白萝卜**
038 白萝卜炖羊排
039 蒸白萝卜
040 **彩椒**
041 荷兰豆炒彩椒
042 芋泥彩椒沙拉
043 **芋头**

044 荔浦芋头扣肉
045 金橙冰花芋
046 **菠菜**
047 菠菜拌胡萝卜
048 菠菜月牙饼
049 **竹笋**
050 白菜炒竹笋
051 蘑菇竹笋汤
052 **芥菜**
052 芥菜胡椒猪肚汤
053 草菇扒芥菜
054 **紫甘蓝**
054 清炒紫甘蓝
055 紫甘蓝沙拉
056 **生菜**
056 香菇扒生菜
057 黄瓜生菜沙拉
058 **韭菜**
059 韭菜肉丝春卷
060 韭菜豆芽蒸猪肝
061 **芹菜**
062 芹菜猪肉水饺
063 素拌芹菜
064 **苋菜**
064 苋菜炒饭
065 苋菜饼
066 **菜心**
066 白灼菜心
067 菌菇烧菜心
068 **娃娃菜**
069 剁椒腐竹蒸娃娃菜
070 牛肉娃娃菜
071 **蒜薹**
072 炝拌手撕蒜薹
073 蒜薹鸡蛋炒面
074 **土豆**
075 土豆炖排骨
076 洋葱土豆片
077 **山药**
078 红枣山药排骨汤
079 腰果莴笋炒山药
080 **莲藕**
081 莲藕焖排骨
082 排骨玉米莲藕汤
083 **玉米**
084 胡萝卜玉米虾仁
085 玉米包
086 **四季豆**
087 干煸四季豆
088 凉拌四季豆
089 **西蓝花**
090 西蓝花沙拉
091 西蓝花番茄意大利面

Part 3 吃肉最解馋

094 **猪肉**
095 白菜木耳炒肉丝
096 秘制叉烧肉
097 **猪蹄**
098 可乐猪蹄
099 三杯卤猪蹄
100 **猪肝**
100 猪肝豆腐汤
101 胡萝卜炒猪肝
102 石斛银耳猪肝汤
103 **猪肚**
104 白果覆盆子猪肚汤
105 白果扣猪肚
106 **排骨**
107 西芹炒排骨
108 **腊肉**
108 白萝卜卷心菜腊肉咸汤
109 家常腊味芦笋
110 **牛肚**
110 麻酱拌牛肚
111 牛肚菜心粥
112 **牛肉**
113 牛肉豆豉炒凉粉
114 清真红烧牛肉
115 **羊肉**
116 红烧羊肉
117 酱爆大葱羊肉
118 **鸡肉**
119 鸡肉卷心菜圣女果汤
120 京味鸡肉卷
121 **乌鸡**
122 辣炒乌鸡
123 西洋参虫草花炖乌鸡
124 **鸡腿**
124 酱炒鸡腿
125 鸡腿杂蔬意大利面
126 **鸡翅**
126 香辣鸡翅
127 珍珠蒸鸡翅
128 **鸭血**

128 酸菜鸭血冻豆腐
129 鸭血鲫鱼汤
130 **鸭掌**
130 卤鸭掌
131 老醋拌鸭掌
132 **鸭肉**
133 红枣薏米鸭肉汤
134 砂锅鸭肉面
135 **鹅肉**
136 鹅肉烧冬瓜
137 菌菇冬笋鹅肉汤
138 **鸡蛋**
138 彩椒玉米炒鸡蛋
139 肉松鸡蛋羹
140 **咸蛋**
140 咸蛋黄炒黄瓜
141 咸蛋黄烧豆腐
142 **鹌鹑蛋**
142 鹌鹑蛋烧牛腩
143 瘦肉笋片鹌鹑蛋汤

Part 4 水产鲜滋味

146 **草鱼**
147 茶树菇草鱼汤
148 黄金草鱼
149 **鲫鱼**
150 鲫鱼豆腐汤
151 酥小鲫鱼
152 **海带**
152 蒜泥海带丝
153 乌鸡海带
154 **紫菜**
154 紫菜虾米猪骨汤
155 紫菜包饭
156 **螃蟹**
157 美味酱爆蟹
158 清蒸螃蟹
159 **扇贝**
160 豆腐白玉菇扇贝汤
161 蒜香粉丝蒸扇贝
162 **鱿鱼**
163 酱香鱿鱼须
164 鱿鱼茶树菇
165 **基围虾**
166 白灼虾
167 咸香基围虾串

Part 5 菌菇味至美

170 **银耳**

171 红薯莲子银耳汤

172 凉拌银耳

173 **香菇**

174 烤香菇

175 扇贝香菇汤

176 **平菇**

177 平菇豆腐开胃汤

178 莴笋平菇肉片

179 **草菇**

180 草菇扒芥菜

181 草菇炒牛肉

182 **口蘑**

182 口蘑香菇粥

183 蒜苗炒口蘑

184 **黑木耳**

185 五花肉炒黑木耳

186 核桃黑木耳沙拉

187 **金针菇**

188 辣烤锡纸金针菇

189 茄汁金针菇面筋斋

190 **茶树菇**

190 姬松茸茶树菇鸡汤

191 茶树菇蒸牛肉

192 **猴头菇**

193 虫草花猴头菇竹荪汤

194 红烧猴头菇

195 **杏鲍菇**

196 豆芽蟹肉棒杏鲍菇汤

197 杏鲍菇炒牛肉丝

Part 6 粗粮更养人

200 **糙米**
200 芋头糙米粥
201 红薯糙米饼
202 **薏米**
203 山药薏米虾丸汤
204 芸豆薏米二十谷养生粥
205 **黄豆**
206 苦瓜黄豆鸡脚汤
207 香菜拌黄豆
208 **绿豆**
209 绿豆饭
210 绿豆薏米汤
211 **红豆**
212 红豆松仁双米饭
213 红豆玉米发糕
214 **豆腐**
215 煎椒盐豆腐
216 凉拌油豆腐
217 **红枣**
217 红枣莲子焖银耳
218 牛奶红枣炖乌鸡
219 **花生**
220 花生炖羊肉
221 花生沙葛墨鱼汤
222 **芝麻**
223 烤黑芝麻龙利鱼
224 牛蒡白芝麻沙拉
225 **板栗**
225 莲藕板栗老鸭汤
226 黑啤板栗烧鸡
227 **核桃**
228 核桃苹果拌菠菜
229 南瓜核桃沙拉
230 **红薯**
230 炸红薯丸子

part 1 妈妈的美味秘籍

每位妈妈都是天生的美食家！或许，妈妈做的菜肴没有那么精致，但一定是全心全意的；或许，妈妈做的菜肴并非色香味俱全，但一定是儿女心灵的归宿。停留在舌尖上的美味，深入人心的味道，妈妈做的菜肴总有温暖肠胃和心灵的功能，妈妈的美味秘籍就是这么的神奇……

我们心中最好吃的菜肴一定是埋藏在记忆里的妈妈的菜，不论在外面吃了多美味的菜，都难以忘怀妈妈的味道。妈妈的美味秘籍，来自这里。

食材的选购、保存

做菜看似简单，其实处处都是有学问的。好的食材是美味佳肴的根本，选购、保存这门技能是做好菜的关键一步。

茎叶类蔬菜

韭菜、油麦菜、菠菜、大白菜、芹菜和西蓝花等。这类茎叶类蔬菜质地细嫩，清甜多汁。

选购

1.看外表：新鲜的茎叶蔬菜多以绿色为主，通常颜色越深，含有更多的营养成分。

2.闻气味：好的蔬菜可以闻得到清香气味。如果农药残留多，会有刺鼻的异味，一定不能购买。

3.掂重量：水分充足，外形饱满，用手掂量一下，分量足的口感会非常好。

保存

1.先将残枝败叶去掉，避免感染到其他好的部分。

2.将叶片喷点水，然后用报纸包起来，以直立的姿势，茎部朝下，置于阴凉处，避免阳光直射，或者放入冰箱保鲜室，这样能延长保存时间，留住新鲜。

块根、瓜果类蔬菜

红薯、山药、黄瓜、西红柿等。这类蔬菜块头较大，口感多样，软绵的、清脆的均有。

选购

1.看外形：外形完整，饱满结实，宜选购。发芽、有小黑洞的则肉质粗老。

2.看表皮：色泽正常，表皮无干疤和糙皮，无病斑、虫咬和机械外伤的最好。表皮呈黑色或褐色斑点的不新鲜。

3.掂重量：肉质比较紧密的块根类蔬菜，分量较重，口感也更好。

保存

块根类蔬菜，去掉表面泥土、脏污，存放在干燥阴凉处即可。如白萝卜、胡萝卜、黄瓜、西红柿等，可以用旧报纸包好，装进塑料袋里，再放入冰箱保鲜室保存。

辛香类蔬菜

生姜、大蒜、洋葱、蒜苗、葱等辛香类蔬菜。多用来做配菜，以增加菜肴的香味，同时也具有去腥、祛寒的作用。

选购

1.看外表：枝杆挺直、叶片翠绿、无腐烂者为佳；生姜和大蒜则应外形饱满、外皮完整。

2.闻气味：辛香类蔬菜有各自独特的香味，购买时应选择没有异味的，香味浓郁的更佳。

3.掂重量：手感沉重者为佳，如生姜、大蒜、洋葱，选购时用手掂量一下，质量较重的比较好。

保存

1.将食材包上报纸吸收水分或装进保鲜袋中，放进冰箱冷藏保存。

2.将食材剁成泥做成调料，放进冰箱冷藏可以保存比较长的时间，也方便下次的使用。如：蒜头可以去皮，放进食物料理机中打成蒜泥，用密封罐装起，放进冰箱冷藏，可以使用2个星期左右。

常见豆制品

豆制品是用黄豆磨制成豆浆再加工而成的食品，不但蛋白质含量高，且口感丰富。

选购

1.北豆腐：外形完整、用手轻压会回弹、没有异味的为佳。

2.南豆腐：外形完整、组织细腻、无异味的为佳。

3.日式豆腐：色泽呈淡黄色，质地较软易碎，注意有效日期购买即可。

4.豆腐皮：外形完整、表皮干燥不黏手、无异味的为佳。

5.油豆腐：双指轻捏，如果立即回弹，闻着没有油味的即表示新鲜。

6.卤豆干：外形完整、表皮干燥不粘手、闻着没有异味的最佳。

保存

豆制品因含高蛋白质，夏天容易腐败，所以要尽量购买当天生产的。购买后尽快密封放进冰箱冷藏保存，并在两天内吃完。如果没有冰箱，可以用保鲜袋装好扎紧袋口，浸泡到盛有凉水的盆子里即可。

常用干货

一般家庭都会常备一些如木耳、金针菜、香菇、海米等类别的干货，这些食物既含有对身体有益的营养物质，又能增加菜肴的风味。

选购

1.黑木耳：以东北的细黑木耳最佳，购买时应选叶片较大、根蒂较少的为佳。

2.金针菜：又称为黄花菜，购买时以色泽金黄、形状饱满的比较好。

3.香菇：购买时以外形饱满、根蒂较少、香气浓郁的比较好。

4.海米：选购时以体型略大、色泽泛红、虾体饱满者为佳。

保存

1.将干货用保鲜袋密封放入冷藏室保存，这样至少可以保存一年时间。

2.干货如果放置时间过长可能会回软、潮湿乃至发霉变质，因此要勤检查，并及时食用。若发现干货有轻微发霉，可以用湿牙刷擦净，然后置于阴凉处风干，注意不要日晒，以免影响品质。

畜肉与禽肉

荤素搭配中的肉类是日常饮食中很重要的一部分，肉类可以分为畜肉和禽肉，如猪、牛、羊、鸡、乌鸡、鸭、鹅等。

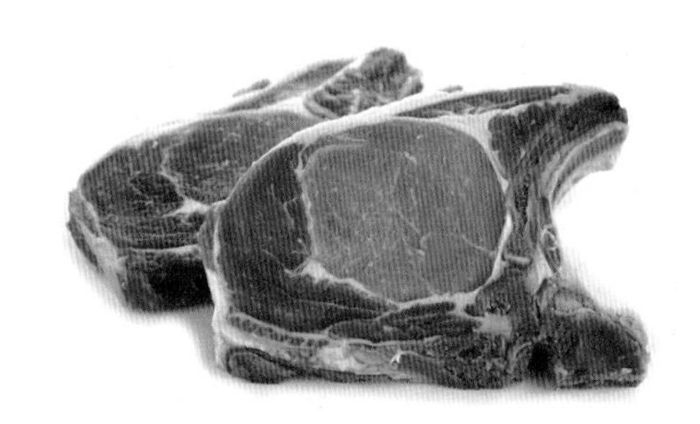

选购

1.看外形：选择肉质有光泽、表面光滑、肉质紧密、血水不会渗出太多的为佳。

2.看颜色：选择肉质颜色均匀的。红肉为红色均匀，脂肪洁白或淡黄色；白肉则呈乳白色，切面呈玫瑰色的为佳。

3.有弹性：新鲜的肉质一般富有弹性，手指压后凹陷处会立即复原。

4.闻气味：新鲜肉质无异味，气味正常，如羊肉会有很浓的羊骚味。

保存

不管是畜肉还是禽肉，在烹调前都不要用热水清洗，因为如果用热水浸泡就会导致很多营养成分流失，口感也会变差。新鲜的肉类只需要用保鲜袋装好放进冰箱冷冻保存即可。

水产海鲜

海洋、江河、湖泊里出产的动物或藻类等统称为水产，如草鱼、鲫鱼、螃蟹、扇贝、鱿鱼、虾等。

选购

1.鱼类：新鲜的鱼类，眼球饱满，眼珠呈黑色、光洁明亮，鱼鳞完整无缺，手触表面光滑不黏手，鱼肉紧实，手按下去能马上回弹。

2.贝类：挑选鲜活的，活的贝类都是贝壳紧闭，偶然张开一个小缝，用手一碰就迅速合上。

3.鱿鱼：体型完整坚实、有光泽，表面有白霜、肉肥厚的为佳。

保存

1.对于鲜活的鱼类 ，应该先去掉内脏、鳞，洗净沥干，分成小段用保鲜袋装好，放入冰箱冷藏。

2.冷冻新鲜的河虾或海虾，可以先将虾用水仔细洗净后，放入金属盒中，注入冷水，将虾浸没，再放入冷冻室冻结。冻结后取出金属盒，倒出冻结的虾块，再用保鲜袋密封包装好，放入冷冻室内贮存。

菌菇类

菌菇类以其营养价值高、风味独特而为人们所喜爱，也是家常菜的常见食材。如草菇、口蘑、银耳、金针菇、茶树菇等。

选购

1.看菌盖：选择菌盖厚实的为佳，新鲜的菌菇比较水灵，菌褶一片一片立着的，不会倒塌。（平菇则选择菌盖小的）

2.看颜色：新鲜的菌菇颜色均匀，无杂色，如果颜色灰白则说明已经老了或保存时间过长。

3.闻气味：新鲜的菌菇是没有异味的。

4.掂重量：新鲜的菌菇应选择有沉重感的为佳，越重的越好。

保存

市面上购买的菌菇一般具有包装袋，如果包装袋没有打开，可以放在冰箱中保鲜一个星期左右，如果没有包装袋，将它们放在一个纸袋中以吸收多余的水分，再放进冰箱内冷藏保存。

藻类

藻类食品富含植物蛋白、不饱和脂肪酸以及各种维生素和微量元素，营养、健康且味道鲜美，如海带、紫菜等。

选购

1.看外形：选择外形完整、没有破损，没有洞的为佳。如紫菜应该选择薄而有光泽的比较好。

2.看颜色：挑选颜色鲜艳、有光亮的比较新鲜。如海带结、海带串应该选择颜色深绿色的。

3.闻气味：新鲜的藻类应该有各自的独特香味，闻起来香气扑鼻，但没有异味。

保存

1.将藻类做成小包分装，然后冰到冷冻库，要使用时拿一次的分量，才不会反复解冻破坏品质，要使用使只需要浸泡水中恢复即可。

2.容易返潮变质的，应该将其装入黑色食品袋中，并且置于低温干燥处，或者放入冰箱中，可以保持其味道和营养。

粗粮类

粗粮是相对我们平时吃的精米白面等细粮而言的，主要包括谷类中的玉米、高粱、燕麦以及各种干豆类。

选购

1.看外形：选择外形饱满、粒大、质地硬而坚实、整齐均匀的为佳，外表要干净，形状好。

2.无杂质：选择没有破碎，不含杂质，没有虫眼的为佳，有结块或碎米多的不宜选购。

3.闻气味：新鲜的粗粮有一股清香味，如果有异味或腐烂味就不要选购。

保存

保存粗粮需要遵循低温、干燥、密封、避光四个原则，储存时可以先将食材放到太阳下晒一下，然后再用塑料袋装起来，或者放入密封罐里，置于阴凉、干燥、通风的地方保存。

食材的处理

精挑细选的好食材，要经过正确的处理，才能更好地用于烹饪出美味佳肴。现在就来学一学常见食材的清洗和刀工处理。

猪肉的清洗和刀工

猪肉的清洗

1. 将猪肉放入碗中，加足量淘米水。

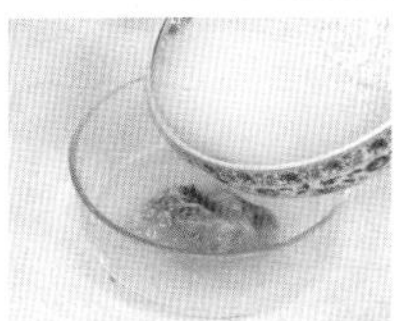

2. 用手抓洗猪肉。

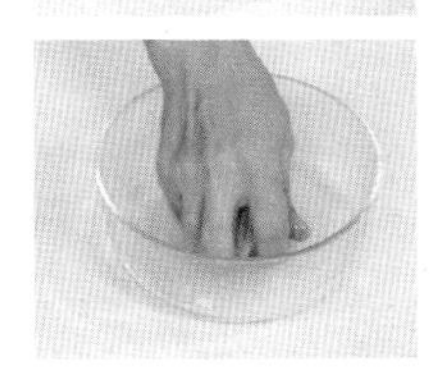

3. 再用清水清洗干净即可。

猪肉的刀工

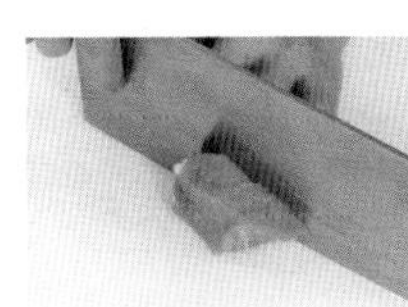

1. 取洗净的猪肉，切成小块。

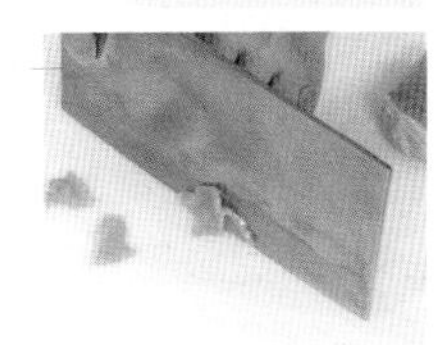

2. 改切成薄片。

3. 将肉片装盘，备用。

猪肚的清洗和刀工

猪肚的清洗

1. 猪肚装盆里，放适量盐、生粉，加清水搅匀，浸泡20分钟。

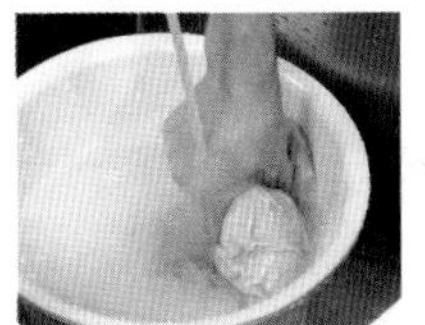

2. 反复揉搓猪肚，去除杂质、脏污，再用清水冲洗干净。

3. 把猪肚放入沸水锅，煮至转色后捞出，沥干水分即可。

猪肚的刀工

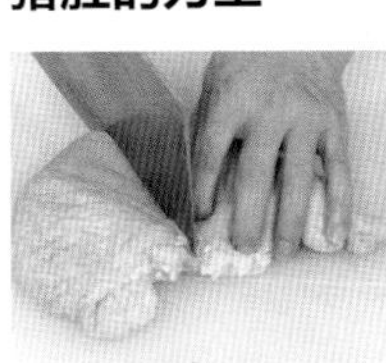

1. 取洗净的猪肚，切成大块。

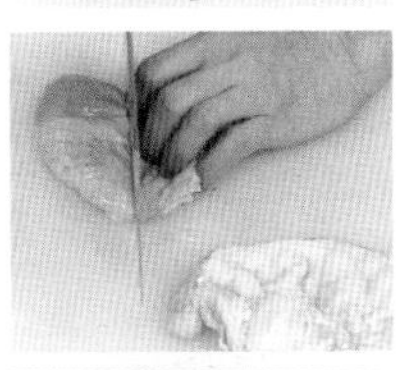

2. 分切成小块。

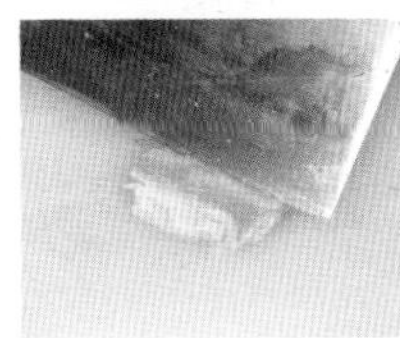

3. 切成薄片，备用。

羊肉的清洗和刀工

羊肉的清洗

1. 将羊肉放进容器里，注入适量清水，加入少许米醋，浸泡15分钟左右。

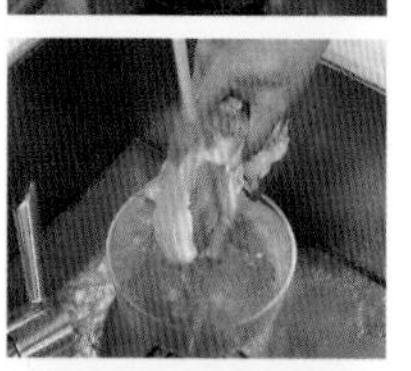

2. 用手清洗羊肉，倒掉容器中的污水，注入清水，将羊肉冲洗干净。

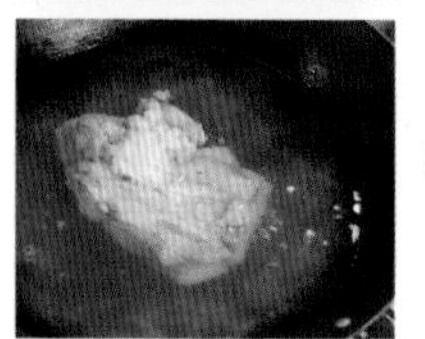

3. 锅中加适量清水烧开，放入羊肉汆烫一会儿。捞出后清水冲洗，沥干水分即可。

羊肉的刀工

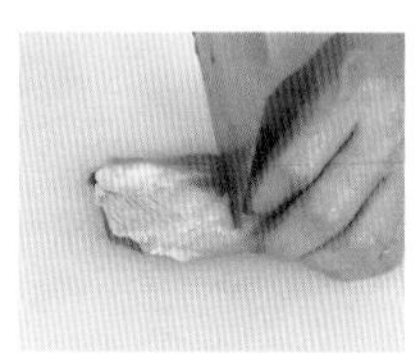

1. 取洗净的羊肉，从中间切开，一分为二。

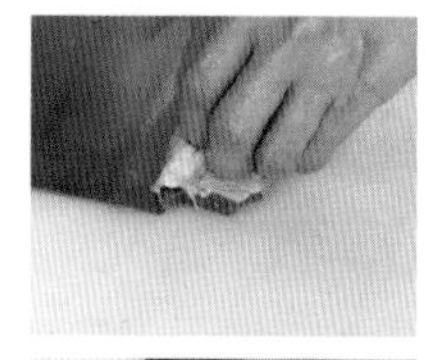

2. 取其中的一块，用平刀片羊肉。

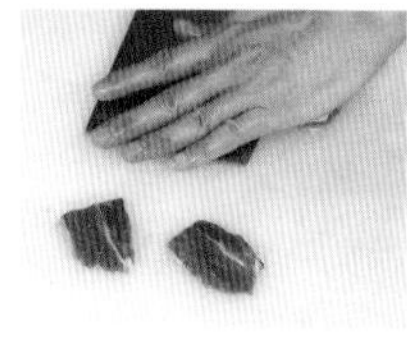

3. 将余下的羊肉依次片成均匀的片，装入盘中即可。

腊肉的清洗和刀工

腊肉的清洗

1. 将腊肉放进盆里，注入适量的清水，加入少许食盐，搅匀。

2. 浸泡15分钟左右。

3. 用手搓洗腊肉，在流水下冲洗干净，沥干水分。

腊肉的刀工

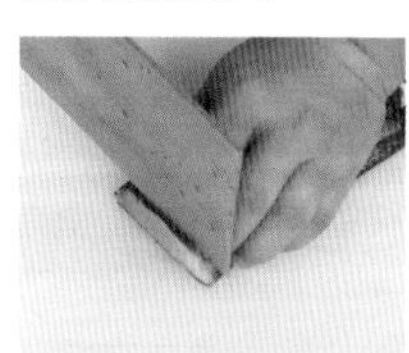

1. 取洗净的腊肉，用直刀切片。

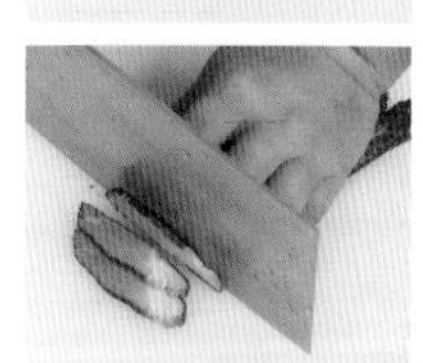

2. 将余下的腊肉切成均匀的片。

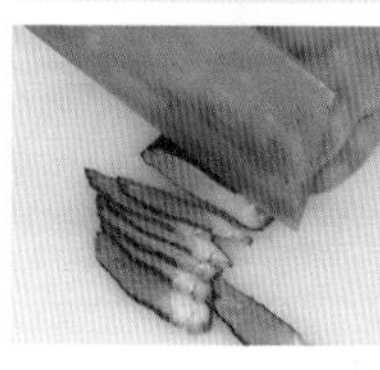

3. 把切好的腊肉装入盘中。

鸡翅的清洗和刀工

鸡翅的清洗

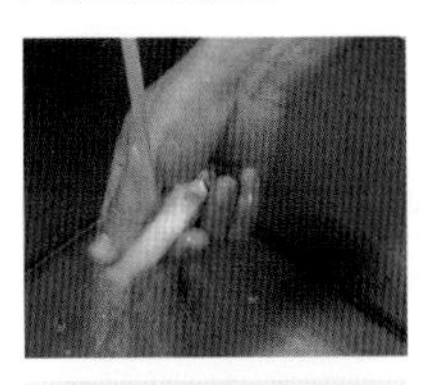

1. 将鸡翅用清水冲洗一会儿。

2. 锅中注入适量清水烧开，放入洗好的鸡翅，汆烫片刻。

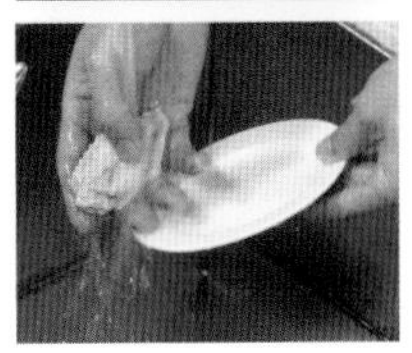

3. 捞出鸡翅，用清水冲洗干净。

鸡翅的刀工

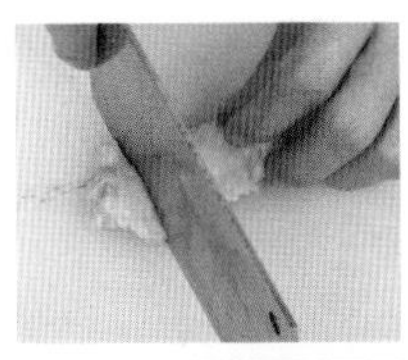

1. 洗净的鸡翅斩小块。

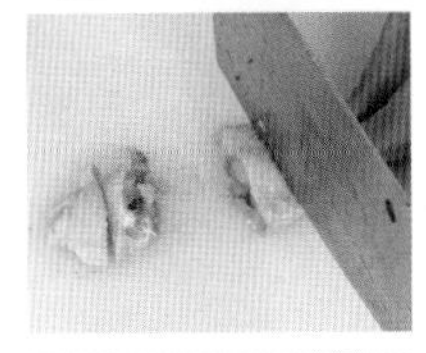

2. 将余下的鸡翅斩成同样大小的鸡块。

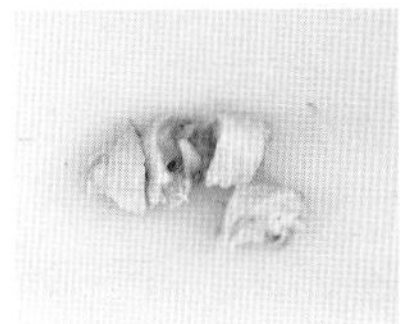

3. 把斩好的鸡翅装入盘中即可。

鱼类的清洗和刀工

鱼类的清洗

1. 将鲤鱼的鱼鳞刮除，用清水将鱼鳞冲洗掉。

2. 将鱼腹剖开，把鱼的内脏清理干净。

3. 用清水将鱼冲洗干净。

鱼类的刀工

1. 取一块洗净的鲤鱼，从一端开始切块。

2. 将余下的鲤鱼切成大小均等的块。

3. 将切好的鲤鱼装入盘中即可。

螃蟹的清洗和刀工

螃蟹的清洗

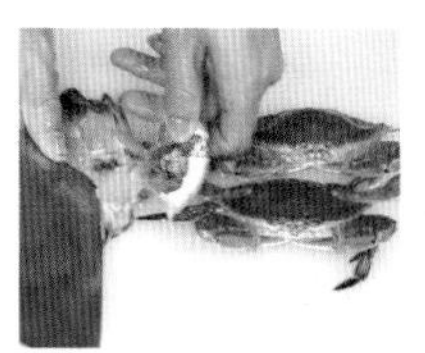

1 取洗净的蟹，用刀撬开蟹壳，将蟹壳打开。

2 把蟹壳里的脏物刮除后清洗干净。

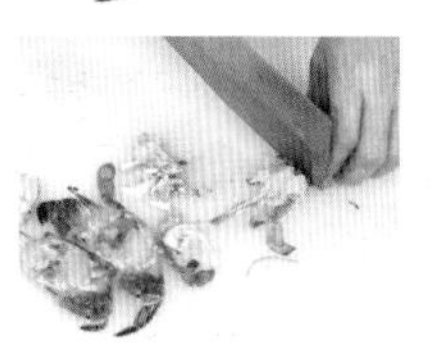

3 将蟹从中间切开，把蟹足尖切掉。

螃蟹的刀工

1 取洗净的螃蟹，用平刀将蟹壳切分开。

2 切去腹侧三角形的蟹脐部分，去除蟹腮。

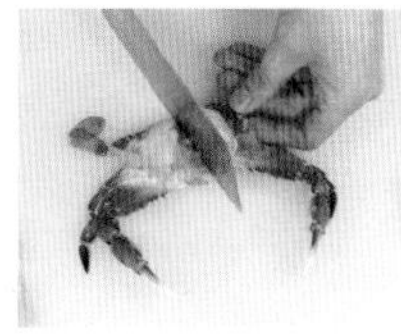

3 将蟹身切开两半。

虾的清洗和刀工

虾的清洗

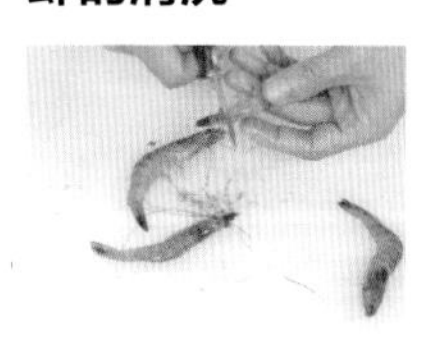

1 用剪刀剪去虾须、虾脚和虾尾尖。

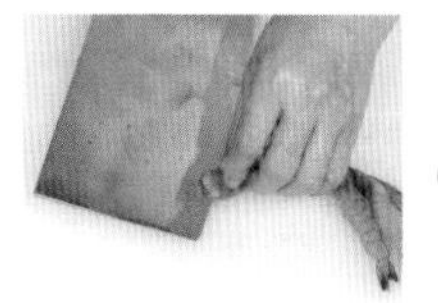

2 在虾背部切一刀，用牙签挑虾线。

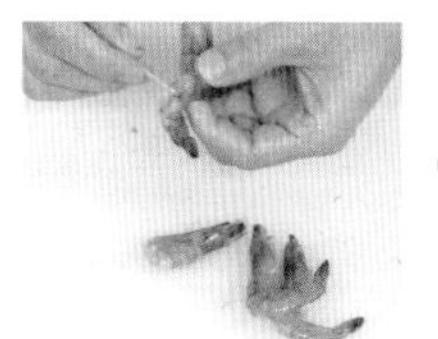

3 将虾线去除干净，用清水将虾冲洗干净，沥去水分。

虾的刀工

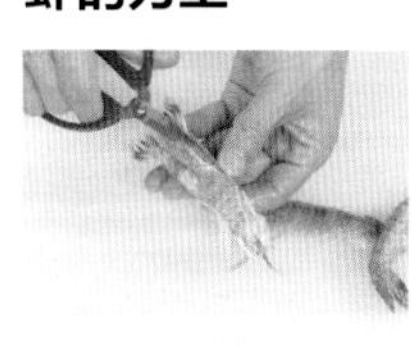

1 取洗净的虾，用剪刀剪去虾脚。

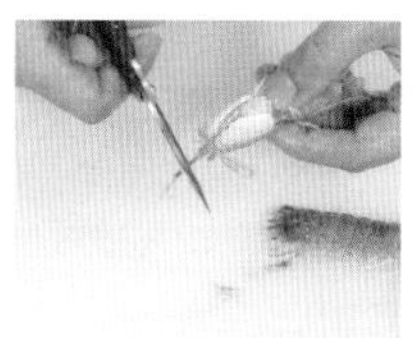

2 剪去虾尾尖。

3 用刀将虾纵向对半切开。

鱿鱼的清洗和刀工

鱿鱼的清洗

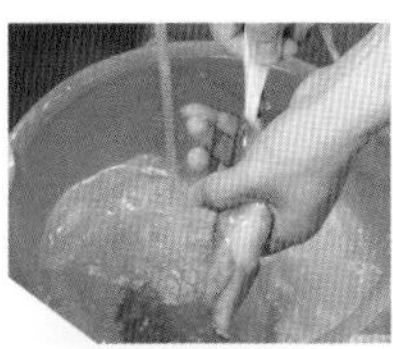

1. 将鱿鱼放入盆中，注入清水清洗一遍，用手扯住鱿鱼的头，连同内脏一起扯出来。

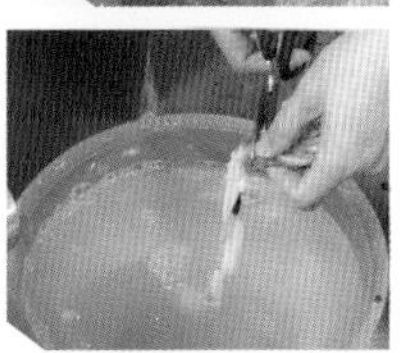

2. 剥开外皮，将鱿鱼肉取出后，用清水冲洗净。清理鱿鱼的头部，剪去与头部相连的内脏。

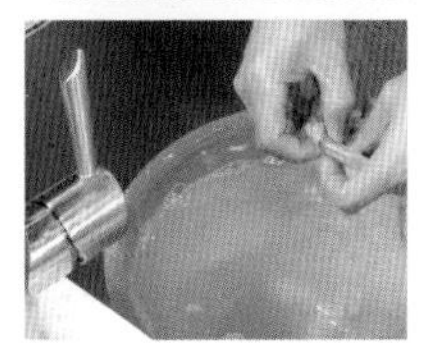

3. 最后去掉鱿鱼的眼睛以及外皮，再用清水冲洗干净，沥干水分。

鱿鱼的刀工

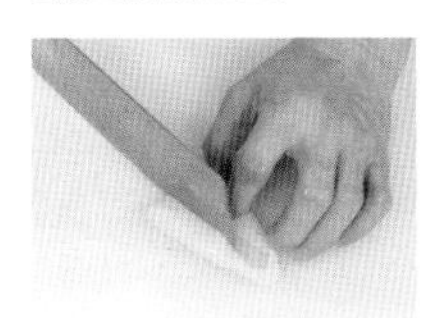

1. 取一块洗净的鱿鱼肉，从中间切开，但不切断。

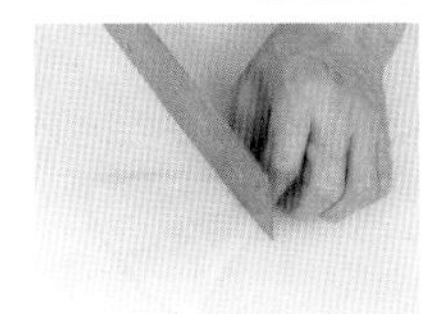

2. 将鱿鱼内壁的黏膜去除，将尖头部分切掉。

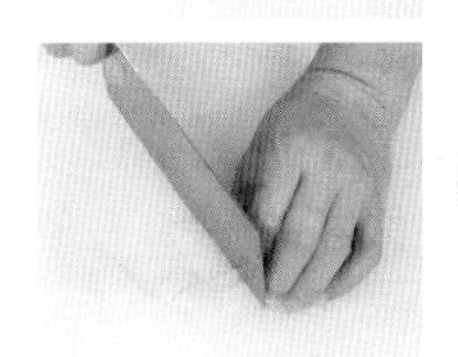

3. 从一端开始将整块鱿鱼切成差不多宽的条状，最后将鱿鱼条切成丁状。

扇贝的清洗和刀工

扇贝的清洗

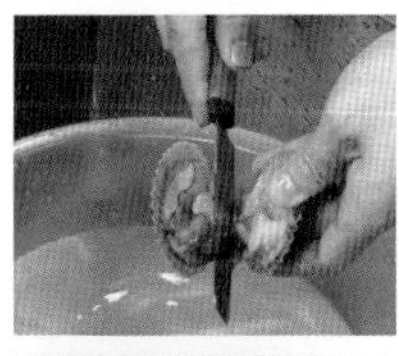

1. 用刷子将扇贝的壳刷干净后，再把扇贝壳打开。

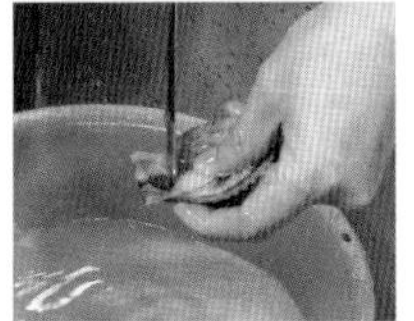

2. 将扇贝切成两半，用小刀刮去脏物。

3. 用手将内脏清理干净，用清水把扇贝冲洗干净，沥去水分。

扇贝的刀工

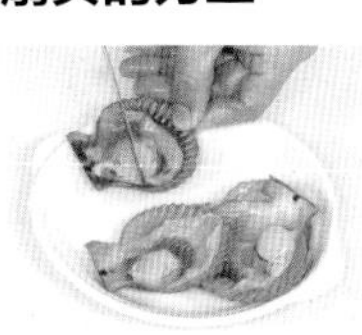

1. 取洗净的扇贝，用刀在扇贝肉上先切一字刀。

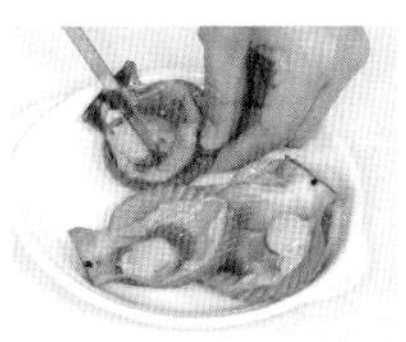

2. 转一个角度，再切一字刀，即成十字刀。

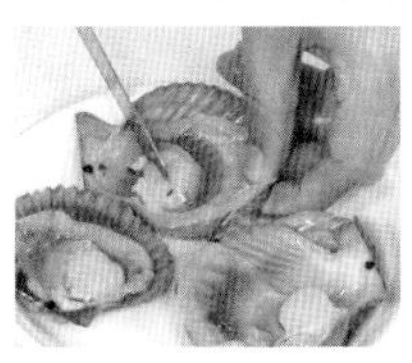

3. 依此将余下的扇贝都切上十字刀。

基础烹饪方法

锅铲翻炒时发出的沙沙声，热油锅里的滋滋作响，还有汤锅中热气腾腾的咕噜咕噜，这些温暖的声响汇编成一首首厨房美味交响曲。不同的食材，不同的锅具，选择适合的烹饪方法，花些心思，下点儿功夫，美食佳肴很快就好。

凉拌

把食材制熟后，经刀工处理，加调味料拌匀，菜肴即成。有些可生吃的蔬菜和水果，洗净切好后加调味料拌匀即可食用。

炒

主要有生炒、熟炒、滑炒、清炒等。（1）生炒：食材是生的，不用挂糊和上浆，用大火快炒，调味后出锅；（2）熟炒：食材先制熟，出锅后改切成片、丝、丁条等，再入锅炒制；（3）滑炒：主食材是生的，经上浆后滑油，油温控制在四五成热，捞出后在与辅料入锅同炒，出锅前需勾薄芡；（4）清炒：油烧热后放入食材翻炒，炒至断生或六七成熟，调味后出锅。

煎

食材处理好，把锅烧热，再以凉油涮锅，留少量底油，放入食材，先煎一面上色，再煎另一面。煎成型后，注意调节好火候，并且要不停地晃动锅，使食材受热均匀、色泽一致。

炸

食材可直接，或经腌渍、拍粉、挂糊后，放入烧热的油锅炸制。依据食材的质地、大小等，油温控制在四到七成热（120~210℃），油的量以能没过食材为宜。

焗

处理好的食材经调料拌腌、过油，再放适量的调料和汤，用中小火加锅盖将食材焗熟。盐焗：把腌渍好的食材用刷过油的纸包裹，埋入炒热的大盐粒中，用盐的余热把原料焗熟。

烩

食材经油炸或煮熟后改刀，放入锅内加辅料、调料、高汤烩制，调味后用淀粉勾芡即成。烩菜菜汤汁较多，既可做汤又可当菜，清淡爽口。

焖

焖与烧类似，待汤和调料入锅后，盖严锅盖，用小火将食材焖烂。分红焖和黄焖，前者所用酱油和糖色比黄焖多。红焖菜为深红色，黄焖菜呈浅黄。

炖

把食材装于容器内，加入足量常温的汤水，盖上盖，用大火烧开后，转中小火长时间慢炖。牛肉、羊肉类等肉腥味较重的食材，需先经汆煮去腥后捞出再炖。（1）不隔水炖：把主材和辅料放入炖锅，盖上盖，用大火烧开，改小火慢炖至酥烂；（2）隔水炖：把处理好的主材和辅料放入瓷制、陶制的钵内，用保鲜膜封口，再放入烧开的蒸锅，盖上盖炖制。通常，汤炖好后再放盐等调味料，如果盐放早了，因盐的渗透作用，会严重影响原料的酥烂，延长成熟时间。

蒸

把处理好的食材盛装好，放入水烧开的蒸锅或蒸笼，盖上盖，用大火或中火加热，将食材蒸熟。在蒸制的中途，不要掀盖，以免影响食材细嫩、软滑的口感。质地细嫩的食材，如鱼类，蒸制的时间在10分钟左右，其他质地细密、大块的食材，蒸制的时间应稍长些。

烧

食材经热处理后，加入汤（水）和调料，用大火烧开，再改小火慢烧。（1）红烧：食材多经过炸、煎、煸、蒸等法处理，再加汤和调料，烧开后改小慢烧，留少量汤汁，再用水淀粉勾薄芡出锅，成菜多为红色或浅红色；（2）干烧：食材经比较长的时间小火慢烧，使汤汁充分渗入，烧至见油而不见汁（或汁很少）即可出锅。

基础高汤做法

高汤是用猪骨、鸡骨、鱼肉等材料熬制成的汤料，在烹调过程中代替水，加入到菜肴或汤羹中，可使成菜更加美味鲜香。

【素高汤】

做法

1. 选用黄豆芽、芹菜、胡萝卜，洗净切好；羊肚菌、牛肝菌、干香菇泡发洗净。
2. 把食材放入砂锅，加足量清水，大火煮沸后转小火慢炖1小时。
3. 撇去浮沫，汤成。

【猪骨高汤】

做法

1. 选用猪棒骨、脊骨，斩好洗净，放入滚水锅煮沸，煮至转色去除血水。
2. 捞出后放入炖锅，加足量清水，放姜片、葱条、料酒，大火煮沸。
3. 加盖，转小火慢炖2小时，撇去浮沫，汤成。

【鸡骨高汤】

做法

1. 选用新鲜的鸡骨架，放入滚水锅煮沸，煮至转色以去除血水。
2. 捞出后放入炖锅，加足量清水，放姜片、葱条、料酒，大火煮沸。
3. 加盖，转小火慢炖1小时，撇去浮油，汤成。

【鱼骨高汤】

做法

1. 选用新鲜鱼骨，切成块状，洗净。
2. 姜片放油锅爆香，放入鱼骨，煎至焦黄色。
3. 淋入料酒，炒香。
4. 把鱼骨盛出，放入炖锅，加足量清水。
5. 大火烧开，加盖，小火慢炖1小时。撇去浮沫，汤成。

part 2 健康好鲜蔬

蔬菜是健康饮食的重要组成部分，蔬菜品类繁多，颜色各异，它们可提供人体所必需的多种维生素和矿物质等营养物质。此外，蔬菜含有较多的纤维素，能把进入肠胃的营养食物加以松动，有助于消化，同时刺激新陈代谢，有助于改善身体健康。由此看来，妈妈总让孩子多吃蔬菜是非常正确的。

妈妈们最希望自己孩子不挑食，你小时候是否有被妈妈追着赶着喂蔬菜的经历呢？看妈妈们如何把简单的素菜做得美味至极。

Cucumber

黄瓜

生食、熟食均能排除体内废物

黄瓜，本名胡瓜，最早由张骞从西域带回中原。黄瓜本多呈青色，故又名“青瓜”。个大的黄瓜味苦，蔡澜云：“除苦的方法是切开一头一尾，拿头尾在瓜身上顺时针摩，即有白沫出现，洗净，苦味即消除。”新鲜黄瓜能够减少脂肪产生、调节胆固醇、维持正常血压、预防肥胖，很适合当作夏日凉拌料理。

食品成分表 【可食部100克】

能量	15千卡
水分	95.6克
蛋白质	0.8克
脂质	0.2克
碳水化合物	0.9克
胡萝卜素	90微克
磷	24毫克
钙	24毫克
钠	4.9毫克
镁	15毫克
铁	0.5毫克

黄瓜的选购

选择瓜身挺直硬实的黄瓜，新鲜的黄瓜有疣状凸起，用手去搓会有刺痛感。轻压有花蒂的尾端部位，若是松软即为老化的黄瓜。

黄瓜的清洗和保存

将黄瓜冲洗后，在砧板上撒些盐，把黄瓜放在砧板上搓滚一下再冲净。保存前必须把黄瓜表面水分擦干，放入保鲜袋中密封冷藏。

泡椒黄瓜 ★★★★★

材料

黄瓜220克

+

泡椒40克

+

剁椒30克

+

大蒜20克

+

盐2克

+

鸡粉2克

+

白糖2克

做法

1. 洗净的泡椒切小段，大蒜拍扁待用。
2. 洗净的黄瓜对半切开，切长条，改切成长度相当的短条，待用。
3. 取一碗，倒入黄瓜、泡椒、剁椒、大蒜，拌匀。
4. 加入盐、鸡粉、白糖，拌匀入味。
5. 用保鲜膜密封好，并腌渍1小时后撕开保鲜膜，装盘即可。

妈妈说

1.挑选黄瓜时选择硬的、带花的，会更新鲜。

2.用淡盐水清洗黄瓜，可以起到消毒的作用。

黄瓜鸡蛋炒饭 ★★★

材料

凉米饭200克
+

黄瓜100克
+

蛋液100克
+

红椒30克
+

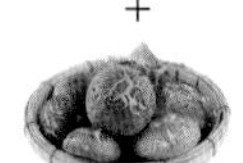

鲜香菇2朵
+

葱花少许
+

姜末少许
+

食用油适量
+
生抽3毫升

做法

1. 洗净的黄瓜、红椒、香菇均切条，改切丁。
2. 用油起锅，倒入蛋液，翻炒熟后盛出，待用。
3. 锅中放入姜末、香菇，炒香，倒入黄瓜、红椒、米饭，炒松散。
4. 放生抽、鸡蛋、葱花，炒匀后装碗即可。

妈妈说

1.泡发好的香菇撒上精盐，用手搓搓，能将泥沙清洗干净。
2.放入米饭后，需要反复翻炒，将米饭炒松散才更入味。

Bitter gourd

苦瓜

能消除夏暑的天然护肤圣品

苦瓜中维生素C的含量居瓜中之冠，除了可以预防热气引起的各种疾病外，还可以改善肠胃不佳、肝脏功能欠佳等，是非常有特效的蔬菜。苦瓜的植物性化合物中含有奎宁，其苦味可刺激胃液的分泌，并具有清热泻火的功效，更具有抗氧化作用。

食品成分表 【可食部100克】

能量	18千卡
水分	94.7克
蛋白质	0.8克
脂质	0.2克
碳水化合物	3.7克
胡萝卜素	100微克
磷	1.1毫克
钙	18毫克
钠	2.5毫克
镁	18毫克
铁	0.7毫克

苦瓜的选购

选择瓜形完整、外表瘤状明显、没有碰撞伤痕的，称重量时应该选择比较重的苦瓜为佳。

苦瓜的清洗和保存

用报纸包起来，包上两张后，装进夹链袋中，要用手将空气挤出，放入冰箱中冷藏保存。

拌苦瓜 ★★★

材料

苦瓜300克

+

蒜末10克

+

盐3克

+

鸡粉2克

+

味精1克

+

白糖1克

+

食粉适量

+

芝麻油适量

做法

1. 将洗净的苦瓜切开，掏去瓤籽，切段，切成条。
2. 锅中加约1500毫升清水烧开，加入少许食粉、盐。
3. 倒入苦瓜拌匀，煮约2分钟至熟后捞出，放入凉水中冷却。
4. 将苦瓜滤出，放入碗中，加入蒜末。
5. 加入盐、鸡精、味精、白糖，再淋入少许芝麻油。
6. 用筷子充分拌匀后装盘即可。

妈妈说

1.苦瓜用盐水泡半小时后，用软刷子刷一下更利于清洗。

2.白糖的用量可以根据个人爱好而改变。

苦瓜肉丝 ★★★★

材料

苦瓜150克
+

瘦肉100克
+

生粉5克
+

葱段4克
+

姜丝3克
+

生抽5毫升
+

料酒5毫升
+
鸡粉2克
+
盐2克
+
食用油适量

做法

1. 洗净的苦瓜去瓤后切片，洗净的瘦肉切丝后装碗。
2. 往肉丝淋入生抽、料酒、生粉，搅匀后腌渍5分钟，封上保鲜膜。
3. 将肉丝放入微波炉，加热2分钟后取出。
4. 将肉丝倒入苦瓜中，加入葱段、姜丝、盐、鸡粉。
5. 再淋入适量食用油，搅拌匀，盖上盖子。
6. 将苦瓜肉丝放入微波炉中，加热3分钟后取出即可。

妈妈说

1.肉丝加入生粉腌渍，可以使肉质变得嫩滑。

2.如果想苦瓜更熟软，可以稍微延长微波炉加热的时间。

Pumpkin

南瓜

调整体质、提升免疫力的好食材

南瓜富含β-胡萝卜素及维生素C、维生素E，其中含锌量很高，常吃可以有效抑制癌细胞成长。南瓜所含的稀有元素，可以促进体内胰岛素的分泌，加强葡萄糖的代谢；纤维素则可以帮助肠道多余的糖分排出体外，且南瓜易有饱足感，对糖尿病患者尤佳。

食品成分表 【可食部100克】

能量	24千卡
水分	90.8克
蛋白质	0.9克
脂质	0.2克
碳水化合物	5.5克
胡萝卜素	2.4微克
磷	38毫克
钙	13毫克
钠	0.8毫克
镁	8.0毫克
铁	0.4毫克

南瓜的选购

以形状整齐、瓜皮有油亮的斑纹、无虫害的为佳。当瓜梗有萎缩状时，表示内部已经完全成熟。

黄瓜的清洗和保存

南瓜表皮干燥坚实，有瓜粉，能久放在阴凉处，且农药用量比较少，所以可以用清水冲洗。

南瓜饼 ★★★★

材料

熟南瓜块300克

\+

糯米粉500克

\+

面包糠70克

\+

豆沙80克

\+

白糖100克

做法

1. 将熟南瓜捣烂，搅拌成泥后，加入白糖、糯米粉，和成粉团。
2. 将粉团揉搓成长条，摘成数个大小合适的生坯。
3. 将生坯按扁，豆沙揉成条，摘成小块。
4. 放入生坯中，收紧包裹严实，按成饼状后，均匀撒上面包糠。
5. 锅中注油烧至四五成热，放入南瓜饼生坯。
6. 炸约2分钟至熟，捞出后装盘即可。

妈妈说

1.白糖不宜加入过多，避免孩子食用过多糖分，易肥胖。
2.油炸南瓜饼的时间不用太长，避免孩子食用后上火。

腊肠蒸南瓜 ★★★

材料

去皮南瓜500克
+

腊肠200克
+

剁椒20克
+

蒜末10克
+

葱花少许
+

盐1克
+

蚝油5克
+
生抽5毫升
+
陈醋5毫升
+
食用油适量

做法

1. 洗净的南瓜去内囊，切厚片；腊肠切片待用。
2. 往腊肠碗中放入剁椒、蒜末、盐、生抽、蚝油、陈醋、食用油。
3. 将拌好的腊肠及调料倒在南瓜片上，待用。
4. 蒸锅注水烧开，放入装有食材的碗，大火蒸10分钟至熟软。
5. 揭盖后取出，撒上葱花即可。

妈妈说

腊肠含油量比较多，因此也要注意不要孩子一次性食用过多。或者在食用后，饮用茶水、食用青菜来解腻。

Towel gourd

丝瓜

解毒化瘀，极佳的美颜圣品

丝瓜肉质细嫩、甘甜爽口，不仅可以清热、活血，而且还能化痰、消炎。丝瓜富含维生素B、维生素C，可以润白皮肤、去除脸上斑点、减轻黑色素沉淀、延缓细胞老化、防止皮肤老化，对爱美的女性来说是效果十分良好的美颜佳品。

食品成分表 【可食部100克】

能量	17千卡
水分	95.2克
蛋白质	1.0克
脂质	0.2克
碳水化合物	3.4克
胡萝卜素	90微克
磷	26毫克
钙	14毫克
钠	2.6毫克
镁	11毫克
铁	0.2毫克

丝瓜的选购

选择形体正直、外皮无损、瓜纹明显、颜色浓绿、尾巴尖、有绒毛者为佳。

丝瓜的清洗和保存

用报纸包起来放进冰箱中，可以避免水分流失，但放冰箱的时间越久，纤维会逐渐老化，易失去软嫩与香甜的味道。

虾米丝瓜汤 ★★★★

材料

去皮丝瓜120克

+

虾米20克

+

鸡粉2克

+

胡椒粉2克

+

食用油适量

做法

1. 洗净去皮的丝瓜去籽，切块。
2. 碗中注入适量清水，放入虾米，浸泡20分钟后捞出沥干水分。
3. 用油起锅，放入虾米，爆香后，倒入丝瓜块，炒匀。
4. 注入适量清水，煮至沸腾，加入鸡粉、胡椒粉。
5. 稍稍搅拌至入味后装碗即可。

妈妈说

新鲜的虾米应是天然的琥珀色，透明的，肉质有弹性。要注意颜色红润的虾米很多是加了色素的，不要购买。

香菇烧丝瓜 ★★★

材料

丝瓜200克

+

水发香菇50克

+

红彩椒40克

+

蒜末5克

+

葱段8克

+

姜片5克

+

盐2克

+

鸡粉2克

+

蚝油8克

+

食用油适量

做法

1. 洗净的丝瓜斜刀切成块状，红椒去籽后切成菱形块，香菇切丝。
2. 碗中加入蒜末、姜片、葱段、食用油，封上保鲜膜。
3. 放入微波炉加热2分钟后取出，倒在丝瓜上。
4. 加入红椒、香菇、盐、鸡粉、蚝油，拌匀后盖上盖子。
5. 放入微波炉加热2分钟后装盘即可。

妈妈说

鲜香菇应该在低温下透气存放，且保存最好不要超过3天。干香菇则要密封，放在避风阴凉处存放，注意防潮。

Tomato

番茄

预防老化、富含营养的食材

番茄属茄科，称为金苹果，又名西红柿，富含多种维生素。番茄中的化学物质十分稳定，制成番茄汁、番茄罐头都不会破坏其中的茄红素，具有价廉物美、生熟皆可食用的特质，其中维生素P的含量十分丰富，含有机酸，吃起来有酸甜的味道。

食品成分表 【可食部100克】

能量	15千卡
水分	95.6克
蛋白质	0.8克
脂质	0.3克
碳水化合物	2.2克
胡萝卜素	90微克
磷	24毫克
钙	8毫克
钠	8.3毫克
镁	9.0毫克
铁	0.4毫克

番茄的选购

越红越熟的番茄，茄红素含量越高，甜度越高。当天食用者选七八分熟，隔天食用者选二三分熟，果蒂呈鲜绿色尚未脱落的较为新鲜。

番茄的清洗和保存

番茄在冷藏室中只可以保存一周，若要保存久一点，就要用塑胶袋装成一次食用的分量，放在冷冻库中。

番茄炖牛腩 ★★★★★

材料

牛腩185克
+

土豆190克
+

番茄240克
+

洋葱30克
+
姜片5克
+
花椒3克
+
八角2个
+
香菜3克
+
盐3克
+
鸡粉3克
+
番茄酱20克
+
香菜1克
+
生抽3毫升
+
料酒适量
+
食用油适量

做法

1. 洗净去皮的土豆切滚刀块，再切小块；洋葱、牛腩切小块。
2. 将牛腩放入沸水中焯水2分钟至断生，捞起待用。
3. 将番茄放入热水锅中，煮30秒后煮后取出，去皮切小块。
4. 热锅注油烧热，倒入八角、花椒、姜片，爆香。
5. 倒入牛腩，淋入料酒、生抽，注水，小火慢炖40分钟。
6. 倒入土豆，拌匀，炖10分钟后倒入番茄、洋葱，炖5分钟。
7. 揭盖，倒入番茄酱、盐、鸡粉，拌匀后装盘，放入香菜即可。

妈妈说

1.番茄划十字花刀，这样可以方便后期剥皮。

2.焯水后的牛肉，放在清水中反复冲洗，可去除多余的油脂。

西蓝花番茄意大利面 ★★★

材料

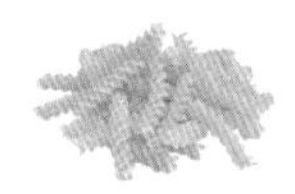

熟螺丝形意大利面90克

+

西蓝花90克

+

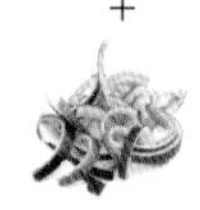

洋葱40克

+

番茄85克

+

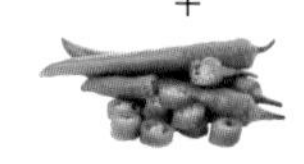

青椒40克

+

橄榄油适量

+

蒜头2颗

+

盐2克

+

黑胡椒2克

+

意大利香草调料10克

+

食用油适量

做法

1. 去皮的蒜头切成片，洋葱、青椒切小块，西蓝花、番茄切丁。
2. 锅中注水煮开，加入食用油、盐、西蓝花，煮至断生后捞出。
3. 热锅注入橄榄油，倒入蒜片、洋葱块、青椒块、意大利面。
4. 翻炒均匀后注水，加入盐、黑胡椒、番茄丁、西蓝花。
5. 快速翻炒片刻后装盘，撒上意大利香草调料即可。

妈妈说

不同的意大利面，加热的时间不同，可以根据包装袋上的提示时间控制烹饪时间。

Eggplant

茄子

紫色皮的茄子增强血管弹性

茄子是茄科植物的果实，性寒，味甘，成分主要是以糖类为主体，常吃茄子，由于热量少，不会增加血液中胆固醇含量，也不容易胖，很适合减肥食用。茄子含有的维生素P是一种黄酮类化合物，有软化血管的作用。

食品成分表 【可食部100克】

能量	22千卡
水分	93.2克
蛋白质	1.1克
脂质	0.2克
碳水化合物	5.1克
胡萝卜素	0.37微克
磷	2.0毫克
钙	55毫克
钠	5.4毫克
镁	13毫克
铁	0.4毫克

茄子的选购

以果形均匀润泽、老嫩适度、无裂口、完整、没有斑点、皮薄、子少、肉厚、细嫩的为佳品。

茄子的清洗和保存

保存茄子可以用保鲜膜包起来，放在冷藏室中。新鲜的茄子可以存放在冰箱3~5天。

地三鲜 ★★★★

材料

土豆100克
+

茄子100克
+

青椒15克
+

葱白1小段
+

姜1小块
+
大蒜3瓣
+
盐3克
+
白糖3克
+
味精3克
+
蚝油8克
+
水淀粉适量
+
食用油适量

做法

1. 土豆去皮切块，茄子切滚刀块，浸泡在清水中。
2. 蒜瓣去皮剁碎；生姜去皮剁碎；大葱段切丁；青椒去籽切斜片。
3. 油烧至四成热，放入土豆块，中火炸约2分钟至金黄捞出。
4. 茄子沥干水分，待油温烧至四成热，放入茄子，炸约1分钟捞出。
5. 锅中注油烧热，入姜末、蒜末、葱白，爆香，加土豆，炒匀。
6. 倒入200毫升清水、盐、白糖、味精、蚝油、豆瓣酱，调匀后煮开。
7. 加入青椒、茄子，加水淀粉勾芡即可。

妈妈说

油烧至四成热，稍有微小的气泡出现，就可以放入土豆块，用中火炸至金黄色。

黔味凉拌茄子 ★★★

材料

茄子200克
+

青椒35克
+

番茄100克
+

葱花10克
+

蒜末10克
+

贵州辣椒油适量
+
生抽4毫升
+
盐2克
+
鸡粉2克
+
白糖2克
+
陈醋3毫升
+
花椒油3毫升

做法

1. 洗净的茄子切段，青椒、番茄均切粒。
2. 电蒸锅注水烧开，放入切好的茄子，蒸15分钟后取出。
3. 取碗，放入青椒、番茄、蒜末、葱花。
4. 加入生抽、盐、鸡粉、白糖、陈醋、花椒油、辣椒油，拌匀。
5. 另取一碗，倒入茄子、调味汁，拌匀即可。

妈妈说

喜欢吃辣的家庭，可以添加青尖椒的用量，而且青椒含有丰富的维生素C和维生素P，能够增强人体免疫力。

Carrot

胡萝卜

改善便秘、清热解毒好帮手

胡萝卜对人体有很多好处，因此又称为“小人参”。颜色有红色或淡米色，肉质轴根多汁，营养成分高。

食品成分表 【可食部100克】

能量	22千卡
蛋白质	1.0克
脂质	0.1克
碳水化合物	4.6克

胡萝卜的选购和保存

形态圆直不开叉的为佳。在包装胡萝卜的塑胶袋上刺小洞，有助于保存。

★★★★★

胡萝卜炒牛肉

做法

1. 胡萝卜、牛肉切片，彩椒、圆椒均切块。
2. 牛肉装碗，加盐、生抽、食粉、水淀粉。
3. 倒入少许食用油，腌渍约30分钟。
4. 将胡萝卜、彩椒、圆椒焯煮至断生。
5. 用油起锅，倒入姜片、蒜片，爆香。
6. 放入所有食材，加盐、生抽、鸡粉、料酒、水淀粉翻炒至入味。

材料

牛肉300克 + 胡萝卜150克 + 彩椒30克 + 圆椒30克 + 姜片少许 + 蒜片少许 + 盐3克 + 食粉2克 + 鸡粉2克 + 生抽8毫升 + 水淀粉10毫升 + 料酒5毫升 + 食用油适量

胡萝卜炖羊排 ★★★

材料

羊排段300克
+

胡萝卜160克
+

豆瓣酱25克
+

姜片少许
+

葱段少许
+
蒜片少许
+
香菜碎少许
+
桂皮适量
+
八角适量
+
盐3克
+
鸡粉少许
+
料酒6毫升
+
食用油适量

做法

1. 锅中注水烧开，放入洗净的羊排段，汆煮后捞出，沥干水分。
2. 用油起锅，倒入八角、桂皮，爆香，撒上姜片、葱段。
3. 倒入蒜片，炒香，倒入豆瓣酱、羊排、料酒，炒匀后注水。
4. 盖上盖，烧开后转中小火炖煮约35分钟后倒入胡萝卜块。
5. 再盖上盖，用小火续煮约10分钟后，加入鸡粉、胡椒粉，搅匀。
6. 关火后盛在碗中，点缀上香菜碎即可。

妈妈说

购买羊排时，应选择颜色明亮、红色，用手摸起来感觉肉质紧密，表面略显湿润但不黏手，没有腥臭味的。

Radish

白萝卜

促进食欲、加强胃肠蠕动的食材

白萝卜性味偏寒冷，女性体质虚弱、经期不顺、经常腹泻的不能常吃。白萝卜能调节气血、顺气、化气等。

食品成分表 【可食部100克】

能量	21千卡
水分	94.6克
蛋白质	0.9克
脂质	0.1克
碳水化合物	5.0克

白萝卜的选购和保存

表皮光滑、有重量感、用手指弹击声音清脆者为佳。买回来的萝卜可直接放在温度不高且通风处保存。

★★★★

白萝卜炖羊排

做法

1. 锅中注水烧开，放入羊排段，汆煮片刻。
2. 用油起锅，加姜片、葱段、八角，爆香。
3. 倒入羊排段、料酒、白萝卜块、枸杞。
4. 搅匀后加盖，烧开后转小火煮50分钟。
5. 加盐、鸡粉、胡椒粉，搅匀后煮至入味。
6. 关火后装碗，点缀上香菜碎即可。

材料

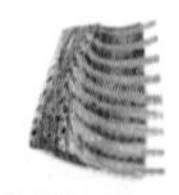      

羊排段350克 + 白萝卜180克 + 枸杞12克 + 姜片少许 + 葱段少许 + 八角少许 + 香菜碎少许 + 盐3克 + 鸡粉2克 + 胡椒粉2克 + 料酒6毫升 + 食用油适量

蒸白萝卜 ★★

材料

去皮白萝卜260克

\+

葱丝5克

\+

姜丝5克

\+

红椒丝3克

\+

花椒适量

\+

食用油适量

\+

生抽8毫升

做法

1. 洗净的白萝卜切0.5厘米左右厚的片，呈圆形摆放在盘子上。
2. 放上姜丝后，取电蒸锅，注入适量清水烧开，放入白萝卜片。
3. 盖上盖，蒸8分钟后取出，去掉姜丝，放上葱丝、红椒丝。
4. 用油起锅，放入花椒，爆香。
5. 关火后将热油淋到白萝卜上面，去掉花椒，淋上生抽即可。

妈妈说

1.孩子服用药物期间不适宜食用白萝卜。

2.白萝卜性味偏寒凉，经常腹泻的人不能常吃。

Sweet pepper

彩椒

促进血液循环、美发的食材

甜椒具有增强免疫力、预防衰老的功效，食用后能使身体自然发热出汗，分解体内多余脂肪、消耗不需要的热量。其营养素有强化细胞与微血管的疗效，患有类风湿性关节炎的人不可常吃彩椒，避免关节的修复受损。甜椒含丰富的维生素A、维生素K和铁质，有助于造血功能。

食品成分表 【可食部100克】

能量	22千卡
水分	93.1克
蛋白质	1.0克
脂质	0.2克
碳水化合物	5.4克
胡萝卜素	340微克
磷	20毫克
钙	14毫克
钠	3.3毫克
镁	12毫克
铁	0.8毫克

彩椒的选购

应选择果形端正，皮薄肉厚，果面平滑，鲜艳有光泽，无水伤、腐烂、虫害的彩椒。

彩椒的清洗和保存

甜椒可用报纸或有空的塑胶袋包装好，放在冰箱冷藏室，这样可以保存一周。

荷兰豆炒彩椒 ★★★★

材料

荷兰豆180克
+

彩椒80克
+

姜片少许
+

蒜末少许
+

葱段少许
+

料酒3毫升
+
蚝油5克
+
盐2克
+
鸡粉2克
+
水淀粉3毫升
+
食用油适量

做法

1. 锅中注水烧开，放入食用油、盐、荷兰豆，搅匀，煮半分钟。
2. 再放入切好的彩椒条，煮半分钟后捞出荷兰豆和彩椒。
3. 用油起锅，放入姜片、蒜末、葱段，爆香。
4. 倒入荷兰豆、彩椒、料酒、蚝油、盐、鸡粉、水淀粉。
5. 翻炒均匀后，装入盘中即可。

妈妈说

荷兰豆一年四季都会有，但不一定能买到鲜嫩的。购买时最好选择个头小一点的，如果已经发黄或干瘪，就不新鲜了。

芋泥彩椒沙拉 ★★

材料

芋头150克
+

青椒50克
+

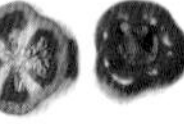

红椒50克
+

彩椒80克
+

蜂蜜5克
+

盐少许
+

沙拉酱少许

做法

1. 洗净去皮的芋头切成片，洗净的青椒、红椒、彩椒去籽，切成块待用。
2. 蒸锅上火烧开，放入芋头，盖上锅盖，大火蒸5分钟至熟软后拿出放凉。
3. 锅中注水烧开，倒入彩椒、红椒、青椒汆煮断生，捞出过凉水后沥干。
4. 将食材装入碗中，加少许盐和蜂蜜搅匀，将芋头压成泥状，用挖球器做成球，摆入盘中。
5. 将拌好的食材倒入盘中，挤上少许沙拉酱即可食用。

Taro

芋头

活化脑细胞、提高免疫力的食材

芋头是主食的一种，含有丰富的碳水化合物和大量的食物纤维。常吃芋头可以健胃整肠，并能消除腹泻。芋头所含的钾质比根茎类中的番薯、马铃薯高很多，常吃芋头可以排出体内多余的钠，所以可以稳定血压。芋头膳食纤维的含量很高，能够增加胃肠饱食感，又可以减少热量的摄取。

食品成分表 【可食部100克】

能量	128千卡
水分	69克
蛋白质	2.5克
脂质	1.1克
碳水化合物	26.4克
胡萝卜素	160微克
磷	64毫克
钙	36毫克
钠	5.0毫克
镁	23毫克
铁	0.9毫克

芋头的选购

芋头要选择体型适中，约一只手可以抓住的大小，甜度较佳。避免买到有裂痕、凸起物与空心者。

芋头的清洗和保存

芋头因不适寒冷，所以不要放入冰箱保存，只需要包好放在常温下保存即可。但要保持干燥，以免发芽。

荔浦芋头扣肉 ★★★★

材料

芋头250克

+

熟五花肉250克

+

八角10克

+

腐乳汁30毫升

+

蜂蜜10克

+

葱花少许

+

姜片少许

+

葱段少许

+

料酒5毫升

+

生抽5毫升

+

老抽3毫升

+

五香粉3克

+

盐2克

+

食用油适量

做法

1. 往处理好的五花肉淋上蜂蜜，拌匀。
2. 锅中注油，烧至七成热，倒入五花肉，炸至变色后捞出。
3. 五花肉捞出放入凉水内，再切成均匀的厚片。
4. 五花肉装碗，倒入芋头片、八角、姜片、葱段、腐乳汁、盐、料酒、生抽、老抽、五香粉，拌匀，腌渍20分钟。
5. 电蒸锅注水烧开，芋头和五花肉依次交叉摆放在碗中，蒸2小时。
6. 掀开盖，将食材倒扣入盘中，撒上葱花即可。

妈妈说

选择五花肉时，应选择层层肥瘦相间的，这样的比例吃起来才会不油不涩。

金橙冰花芋 ★★★

材料

芋头1个
+

鲜橙皮适量
+

香菜梗适量
+

白糖300克
+

食用油适量

做法

1. 芋头去皮切条状，鲜橙皮去除白色皮肉后切末。
2. 锅中注油烧热，将切好的香芋炸至金黄，捞出沥干放凉。
3. 另起一锅，放入白糖、适量清水，烧热煮至融化。
4. 再放入香芋、橙皮，翻炒均匀后，关火。
5. 关火后不断翻炒至糖凝固在香芋表面后，装盘即可。

妈妈说

鲜橙皮是很好的食材，除了理气化痰的功效外，还能起到消食健胃的作用。

Spinach

菠菜

养颜佳品，稳定血糖，促进食欲

菠菜富含维生素B_1、维生素B_2及胡萝卜素、叶酸，能使皮肤红润光亮，促进成长中的细胞发育，也能改善缺铁性贫血，是中年、更年期女性最适合的养颜、保健食品。其成分中的叶酸能保护胎儿神经系统正常发育，也是孕妇营养来源的要素。

食品成分表 【可食部100克】

能量	22千卡
水分	93克
蛋白质	2.1克
脂质	0.5克
碳水化合物	3.0克
胡萝卜素	2920微克
磷	45毫克
钙	66毫克
钠	85.2毫克
镁	58毫克
铁	2.1毫克

菠菜的选购

菜叶前端呈展开状，根与茎均短小，且根部呈鲜红色，全株完整不黄萎，叶片厚实有弹性者较佳。

菠菜的清洗和保存

清洗后将水分沥干，用大纸巾包起来，装入塑胶袋中，然后放进冰箱中冷藏，根部朝下保存。

菠菜拌胡萝卜 ★★★

材料

胡萝卜85克

+

菠菜200克

+

蒜末少许

+

葱花少许

+

盐3克

+

鸡粉2克

+

生抽6毫升

+

芝麻油2毫升

+

食用油少许

做法

1. 洗净去皮的胡萝卜切丝，菠菜去除根部、切段。
2. 锅中注水烧开，加食用油、盐，焯煮胡萝卜和菠菜片刻后捞出。
3. 将焯好的胡萝卜丝和菠菜装入碗中，撒上蒜末、葱花。
4. 加入少许盐、鸡粉，淋入适量生抽、芝麻油，搅拌至食材入味。
5. 取一个干净的盘子，盛入拌好的食材，摆好即成。

妈妈说

菠菜吃到嘴里会有一种涩涩的口感，这是因为菠菜含有的草酸比较多，可以在烹调时加少许白酒，可以消除涩的口感。

菠菜月牙饼 ★★★★

材料

菠菜120克

+

鸡蛋2个

+

面粉90克

+

虾皮30克

+

葱花少许

+

芝麻油3毫升

+

盐适量

+

食用油适量

做法

1. 择洗干净的菠菜切成粒；鸡蛋打入碗中，用筷子打散、调匀。
2. 锅中注水烧开，倒入菠菜、食用油、虾皮，煮至沸腾后捞出。
3. 将菠菜和虾皮倒入蛋液中，加盐、葱花、面粉、芝麻油，搅匀。
4. 煎锅注油烧热，把蛋液摊成饼状。
5. 用小火煎至蛋饼成型，煎至两面金黄色，取出切成扇形即可。

妈妈说

佳品的虾皮外壳清洁、色泽淡黄。选购虾皮时，用手紧握一把虾皮，若放松后虾皮能自动散开，这样的虾皮质量更好。

Bamboo shoot

竹笋

甘甜风味鲜美，食物纤维的宝库

竹笋是竹子的嫩茎，长在地面下，没有农药残留，是卫生又健康的蔬菜，高纤维低脂肪，可说是理想的减肥、减脂食品。竹笋富含食物纤维，少热量、少脂肪，能促进肠道蠕动，帮助消化，防止便秘，又能吸收油脂，预防脂肪堆积，并降低胆固醇以及预防大肠癌和直肠癌。

食品成分表 【可食部100克】

能量	22千卡
水分	93克
蛋白质	2.1克
脂质	0.2克
碳水化合物	3.8克
膳食纤维	1.8克
磷	41毫克
钙	9.0毫克
钠	1.0毫克
镁	1.0毫克
铁	0.3毫克

竹笋的选购

笋尖苞叶紧密，笋壳金黄色，笋形略弯，表皮有光泽且湿度适当，最好稍带泥土。

竹笋的清洗和保存

竹笋浸泡放于冰箱里，常换水，可保鲜5日左右。用水冲洗笋壳表面，用刀子从笋中到笋尖处切一刀，笋中大约1/4深、笋尖处约1/2深，这样可轻易剥除外壳。

白菜炒竹笋 ★★★★

材料

大白菜300克

\+

竹笋100克

\+

鲜香菇35克

\+

蒜末少许

\+

盐2克

\+

水淀粉10毫升

\+

鸡粉适量

\+

食用油适量

做法

1. 洗净的香菇斜切成小片，竹笋切段，白菜去除根部，切小片。
2. 锅中注水烧热，倒入食用油，放入竹笋，煮半分钟至颜色翠绿。
3. 放入香菇，煮片刻，再放大白菜，煮约1分钟至材料熟透后捞出。
4. 用油起锅，烧至三成热，倒入蒜末，爆香。
5. 倒入焯过水的材料，用中火炒匀，调小火，加盐、鸡粉翻炒。
6. 淋入少许水淀粉，翻炒均匀即可。

妈妈说

大白菜含有丰富的维生素和矿物质，特别是维生素C、钙和膳食纤维，有利于润肠排毒。

蘑菇竹笋汤 ★★★

材料

口蘑40克
+

竹笋150克
+

上海青100克
+

姜片少许
+

盐3克
+

鸡粉适量
+

食用油适量

做法

1. 洗净的竹笋切成3厘米的长段，口蘑切片。
2. 锅中注水烧开，加盐、食用油，倒入上海青，煮约1分钟后捞出。
3. 倒入竹笋，煮约半分钟；再倒入口蘑，煮约1分钟后捞出。
4. 用锅起油，倒入姜片爆香，注水煮沸后，倒入竹笋、口蘑。
5. 加适量盐、鸡粉，煮约1分钟后盛碗，放入上海青即可。

妈妈说

口蘑含有大量的膳食纤维，具有促进排毒、防止便秘的功效，经常食用还能提高人体免疫功能和健肤。

Leaf mustard

芥菜

促进发育、抗癌功能的佳品

芥菜含高纤维，能促进肠道蠕动，消化功能不好的人，经常喝芥菜汤就会改善，尤其适宜减肥者食用。

食品成分表 【可食部100克】

能量	19千卡
水分	95克
蛋白质	0.8克
脂质	0.5克
碳水化合物	3.4克

芥菜选购和保存

芥菜最好介于20～30厘米比较嫩，太长表示过老。芥菜若先洗过易受细菌感染，建议直接冷藏保存。

★★★

芥菜胡椒猪肚汤

做法

1. 猪肚切粗条，芥菜切块。
2. 砂锅注水烧开，倒入猪肚、芥菜、姜片。
3. 加入红枣，大火煮开后转小火煮1小时。
4. 加入胡椒粉后，续煮30分钟至食材熟透。
5. 揭盖，加入盐、鸡粉，搅匀即可。

材料

熟猪肚125克 + 芥菜100克 + 红枣30克 + 姜片少许 + 胡椒粉5克 + 盐2克 + 鸡粉2克

草菇扒芥菜 ★★★★

材料

芥菜300克
+

草菇200克
+

胡萝卜片30克
+

蒜片少许
+

盐2克
+

鸡粉1克
+

生抽5毫升
+
水淀粉适量
+
芝麻油适量
+
食用油适量

做法

1. 洗净的草菇切十字花刀，第二刀切开。
2. 洗好的芥菜切去菜叶，将菜梗部分切块。
3. 沸水锅中倒入草菇，焯煮至断生捞出；再倒入芥菜，加盐、食用油，汆煮后捞出。
4. 另起锅注油，倒入蒜片，爆香，放入胡萝卜片、生抽、草菇。
5. 加入盐、鸡粉，炒匀后用中火焖5分钟至入味。
6. 揭盖，用水淀粉勾芡，淋入芝麻油，炒匀至收汁即可。

妈妈说

草菇具有消食祛湿、补脾益气、清暑热、滋阴壮阳的作用。

Purple cabbage

紫甘蓝

预防老人健忘，改善胃肠疾病

紫甘蓝又称红甘蓝、赤甘蓝，俗称紫包菜。紫甘蓝的营养丰富，尤其含有丰富的维生素C、U和较多的维生素E和B族。

食品成分表 【可食部100克】

能量	23千卡
水分	92.7克
蛋白质	1.2克
脂质	0.3克
碳水化合物	5.2克

紫甘蓝的选购和保存

平头或圆头型的紫甘蓝口感较好，外表完整干净有光亮。将紫甘蓝稍风干后，用保鲜膜包好，冷藏保存即可。

★★★

清炒紫甘蓝

做法

1. 洗净的紫甘蓝对切开，再切丝，待用。
2. 热锅注油烧热，倒入蒜末、葱段，炒香。
3. 倒入紫甘蓝，翻炒至软。
4. 注入适量的清水，稍稍炒匀。
5. 加入盐，翻炒匀，放入鸡粉，翻炒调味。
6. 关火后将炒好的菜肴盛出装入盘中即可。

材料

紫甘蓝175克 + 蒜末少许 + 葱段少许 + 盐2克 + 鸡粉2克 + 食用油适量

紫甘蓝沙拉 ★★

材料

紫甘蓝100克

+

去籽青椒20克

+

去籽红椒20克

+

圣女果2个

+

黄瓜50克

+

去皮胡萝卜50克

+

盐2克

+

沙拉酱适量

做法

1. 圣女果对半切，黄瓜切条，青椒、红椒、紫甘蓝、胡萝卜切丝。
2. 将切好的食材放入碗中，加盐，拌匀。
3. 挤上沙拉酱后装盘即可。

妈妈说

圣女果分为红色、橙色、黄色三种，我们一般会选择红色圣女果。在选购时，应选择根蒂新鲜、颜色红而有光泽的。

Lettuce

生菜

食物纤维含量多，增强肝肾机能

生菜的营养极高，内含丰富的维生素C、镁、钾，不仅能促进血液循环，还能增进新陈代谢的顺畅。

食品成分表 【可食部100克】

能量	11千卡
水分	97克
蛋白质	0.6克
脂质	0.3克
碳水化合物	1.9克

生菜的选购和保存

以茎叶鲜亮油绿、不枯焦，叶无斑点、腐烂的为佳。新鲜生菜在阴凉通风处可放2~3日，冷藏可保鲜一周。

★★★

香菇扒生菜

做法

1. 生菜切开，香菇切块，彩椒切粗丝。
2. 锅中注水烧开，焯煮生菜、香菇后捞出。
3. 用油起锅，倒水、香菇、盐、鸡粉、蚝油、生抽、老抽、水淀粉后翻炒。
4. 取盘，放入焯煮好的生菜，摆好。
5. 盛出食材，撒上彩椒丝，摆好盘即可。

材料

生菜400克 + 香菇70克 + 彩椒50克 + 姜片少许 + 蒜末少许 + 盐3克 + 鸡粉2克 + 蚝油6克 + 抽2毫升 + 生抽4毫升 + 水淀粉适量 + 食用油适量

黄瓜生菜沙拉 ★★

材料

黄瓜85克

+

生菜120克

+

盐1克

+

沙拉酱适量

+

橄榄油适量

做法

1. 洗好的生菜切成丝。
2. 洗净的黄瓜切成片，再切丝，待用。
3. 将黄瓜丝装入生菜丝内。
4. 放入盐、橄榄油，搅拌片刻。
5. 将拌好的沙拉装入盘中。
6. 淋上适量的沙拉酱即可。

妈妈说

如果孩子不喜欢沙拉酱的味道，也可以更换为千岛酱等其他酱料，做法还是不变。

Fragrant-flowered garlic

韭菜

生食、熟食均能排除体内废物

韭菜属百合科多年生草本植物，具特殊强烈气味。韭菜中含有蛋白质、脂肪、碳水化合物等多种营养物质，还含有非常丰富的维生素和多种矿物质如钙、铁、磷等。此外，韭菜含有挥发性的硫化丙烯，因此具有辛辣味，有促进食欲的作用。韭菜除做菜用外，还有良好的药用价值，可活血散瘀、理气降逆、温肾壮阳。

食品成分表 【可食部100克】

能量	29千卡
水分	91.8克
蛋白质	2.4克
脂质	0.4克
碳水化合物	4.6克
胡萝卜素	1410微克
磷	38毫克
钙	42毫克
钠	8.1毫克
镁	25毫克
铁	1.6毫克

韭菜的选购

宽叶韭香味清淡，窄叶韭香味浓郁。韭菜的叶由叶片和叶鞘组成。叶鞘抱合而成“假茎”。刚割下时，“假茎”处切口平齐，表示新鲜。

韭菜的清洗和保存

清水浸，用细绳将新鲜整齐的韭菜捆好，根部朝下放在清水盆中，可保鲜3~5天。

韭菜肉丝春卷 ★★★★

材料

金针菇80克
+

去皮胡萝卜70克
+

韭菜75克
+

肉丝75克
+

姜末少许
+

生粉30克
+
春卷皮4张
+
盐3克
+
鸡粉3克
+
食用油适量

做法

1. 金针菇去根，撕散，胡萝卜切丝，韭菜切段。
2. 热锅注油烧热，倒入肉丝、姜末、胡萝卜、金针菇、盐、鸡粉、韭菜，炒匀后装盘。
3. 春卷皮摊平，放上适量的馅料，将馅料铺匀后，将春卷皮卷起。
4. 卷到中间时，生粉加水制成面糊，在春卷皮两端抹上少许面糊，将两端往中间折起来，卷成春卷生胚。
5. 热锅注入适量油，烧至七成热，放入春卷生胚，油炸约半分钟至金黄色后捞出，斜刀切成小段即可。

韭菜豆芽蒸猪肝 ★★★★

材料

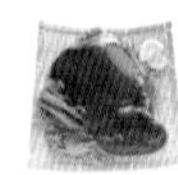

猪肝100克

+

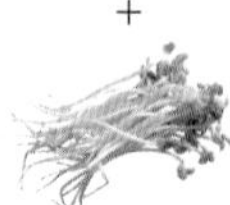

豆芽70克

+

韭菜40克

+

干淀粉10克

+

姜丝5克

+

料酒3毫升
+
生抽5毫升
+
盐2克
+
鸡粉2克
+
食用油适量
+
胡椒粉适量

做法

1. 豆芽、韭菜均切段，猪肝切片。
2. 猪肝装碗，加入料酒、生抽、盐、鸡粉、胡椒粉、姜丝。
3. 腌渍10分钟后，加入干淀粉、食用油、韭菜段、豆芽段。
4. 食材搅拌片刻后装盘，电蒸锅注水烧开上气。
5. 放入食材，蒸6分钟后取出即可。

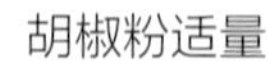

市面上很多豆芽都是用激素和化肥催发的，因此选购的时候应注意颜色发白、豆粒发蓝、芽茎粗壮的都不要选购。

Celery

芹菜

降低血压、治疗糖尿病

芹菜具有独特的香气，是极具魅力的蔬菜，营养成分十分均衡，并且药用价值高。芹菜可以安神助眠、解毒清热、消渴润肠、促进食欲。经常食用芹菜能降血压、降血糖、降血脂，并有镇静宁神的作用。芹菜还具有润肠解便、消除自由基、防癌、抑制癌症的功能。

食品成分表 【可食部100克】

能量	17千卡
水分	95克
蛋白质	2.2克
脂质	0.3克
碳水化合物	3.1克
胡萝卜素	60微克
磷	61毫克
钙	48毫克
钠	71毫克
镁	10毫克
铁	8.5毫克

芹菜的选购

叶片青翠不可变黄，茎干肥大宽厚呈白色、无斑，气味浓烈者为良品。

芹菜的清洗和保存

将芹菜去除叶片后，放入塑胶袋中，再放在冰箱中冷藏，较容易保鲜。清洗前先用水冲洗头部，将大部分的土冲掉，再泡一下水。

芹菜猪肉水饺 ★★★★

材料

芹菜100克

+

肉末90克

+

饺子皮95克

+

姜末少许

+

葱花少许

+

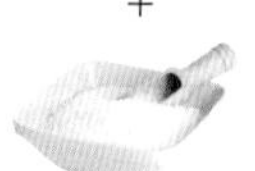

盐3克

+

五香粉3克

+

鸡粉3克

+

生抽5毫升

+

食用油适量

做法

1. 芹菜切碎，撒上少许盐，腌渍10分钟后去除多余的水分。
2. 芹菜、姜末、葱花、肉末、五香粉、生抽、盐、鸡粉、油拌匀。
3. 拌匀入味，制成馅料，待用。
4. 饺子皮中放上少许的馅料，将饺子皮对折，两边捏紧。
5. 锅中注入适量清水烧开，倒入饺子生胚，拌匀煮开。
6. 加盖，大火煮3分钟，至其上浮后，捞出即可。

妈妈说

包饺子的时候，用手指蘸少许清水，往饺子皮边缘涂抹一圈，有助于饺子皮捏紧。

素拌芹菜 ★★

材料

芹菜梗150克

+

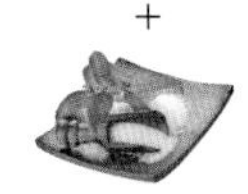

白糖2克

+

鸡粉2克

+

盐2克

+

芝麻油适量

做法

1. 芹菜切长段后装碗，加温水，盖上盖子，放入微波炉中。
2. 加热2分钟后，取出芹菜。
3. 沥干水分，再捞出装盘。
4. 加入鸡粉、盐、芝麻油、白糖，充分搅拌匀。
5. 拌好的芹菜倒入盘中即可。

妈妈说

过年过节的时候，大鱼大肉后，这一道简单的素拌芹菜可以很好地解腻，芝麻油的添加可以很好地增加风味。

Three-colored amaranth

苋菜

叶多质嫩、高铁高钙、生血补血

苋菜属于凉性蔬菜，具有清热解毒、消除尿道发炎的功能，在炎夏季节感到口干舌燥、食欲不振时，可以多吃苋菜。

食品成分表 【可食部100克】

能量	18千卡
水分	94克
蛋白质	2.2克
脂质	0.6克
碳水化合物	1.9克

苋菜的选购和保存

除叶片完整，白苋菜越翠绿越好，红苋菜越紫红越好，枝梗要肥厚细嫩。沾水纸巾包覆根部冷藏保存苋菜。

★★★

苋菜炒饭

做法

1. 苋菜切小段，用油起锅，放入蒜末、苋菜段，快速翻炒。
2. 倒入米饭，炒散，再加盐，炒匀调味。
3. 淋入芝麻油，翻炒至食材熟软、入味。
4. 关火后盛出炒好的米饭，装入盘中即成。

材料

米饭200克 ＋ 苋菜100克 ＋ 蒜末少许 ＋ 盐2克 ＋ 芝麻油适量 ＋ 食用油适量

苋菜饼 ★★★★

材料

面粉400克

+

鸡蛋120克

+

苋菜90克

+

葱花少许

+

盐3克

+

芝麻油适量

+

食用油适量

做法

1. 锅中注水烧开，放入苋菜，焯煮后捞出，放凉后切成粒，待用。
2. 鸡蛋打入碗中，搅散，放入苋菜粒、葱花、盐，搅拌匀。
3. 倒入面粉、芝麻油，制成面糊。
4. 煎锅中注油，烧至四成热，倒入面糊，摊开，小火煎至呈饼状。
5. 翻转面饼，煎至两面金黄后，切分成小块，装盘即可。

妈妈说

将苋菜剁碎，做成苋菜饼，可以帮助孩子爱上蔬菜。但是要注意苋菜不宜一次性放太多，以免引起孩子的反感。

Chinese flowering cabbage

菜心

品质柔嫩、味甘苦、营养丰富

菜心，又称为菜花。一年或二年生草本植物，高30～50厘米，全体无毛；茎直立或上升。

食品成分表 【可食部100克】

能量	28千卡
水分	91.3克
蛋白质	2.8克
脂质	0.5克
碳水化合物	4.0克

菜心的选购

菜心以中等大小、粗细如手指为最好，带些花苞的菜心为上品。若菜心顶部的花已盛开，则已经变老了。

★★★★

白灼菜心

做法

1. 锅中注水烧开，加入油、盐、菜心。
2. 煮2分钟至熟后捞出，沥干水分。
3. 取小碗，加入生抽、味精、鸡精。
4. 放入姜丝、红椒丝、芝麻油，制成味汁。
5. 将调好的味汁盛入味碟中即可。

材料

菜心400克 ＋ 姜丝少许 ＋ 红椒丝少许 ＋ 盐6克 ＋ 生抽5毫升 ＋ 味精3克 ＋ 鸡精3克 ＋ 芝麻油适量 ＋ 食用油适量

菌菇烧菜心 ★★★★

材料

杏鲍菇50克

+

鲜香菇30克

+

菜心95克

+

盐2克

+

生抽4毫升

+

鸡粉2克

+

料酒4毫升

做法

1. 锅中注水烧开，加入料酒、杏鲍菇块、香菇，焯煮后捞出。
2. 锅中注水烧热，倒入食材，盖上盖，中小火煮10分钟。
3. 揭盖，加入适量盐、生抽、鸡粉，拌匀。
4. 放入洗净的菜心，拌匀，煮至变软。
5. 关火后盛出锅中的食材即可。

妈妈说

好的杏鲍菇应该是外表乳白光滑的、摸起来不会过分干脆、水分充实、闻起来没有异味的。

Baby Chinese cabbage

娃娃菜

微型大白菜，营养不打折

娃娃菜是种“超小白菜”，但它的钾含量却比白菜高很多。钾是维持神经肌肉应激性和正常功能的重要元素，经常有倦怠感的人多吃点娃娃菜可有不错的调节作用。娃娃菜还有助胃肠蠕动，促进排便，秋冬季节多吃点还有解燥利尿的作用。此外，特别提醒，孕妈妈们也可以多吃点娃娃菜，因为其叶酸含量也很多。

食品成分表 【可食部100克】

能量	18千卡
水分	94.6克
蛋白质	1.5克
脂质	0.1克
碳水化合物	3.2克
胡萝卜素	120微克
磷	31毫克
钙	50毫克
钠	57.5毫克
镁	11毫克
铁	0.7毫克

娃娃菜的选购

挑选正宗的娃娃菜，应该选择个头小、手感结实的为佳。如果捏起来松垮垮的，有可能是用大白菜心冒充的。

娃娃菜的清洗和保存

娃娃菜的储存温度以18~25℃为宜，在常温下应该拆开包装。娃娃菜应该要一片一片掰下来放到水里泡一下，然后洗两遍就好了。

剁椒腐竹蒸娃娃菜 ★★★★

材料

娃娃菜300克

+

水发腐竹80克

+

剁椒40克

+

蒜末少许

+

葱花少许

+

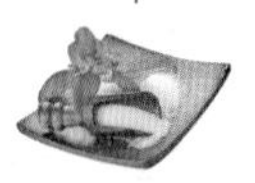

白糖3克

+

生抽7毫升

+

食用油适量

做法

1. 娃娃菜切成条状，泡发好的腐竹切段，焯煮后捞出。
2. 将娃娃菜码入盘内，放上腐竹。
3. 热锅注油烧热，倒入蒜末、剁椒、白糖，翻炒后浇在娃娃菜上。
4. 蒸锅上火烧开，放入娃娃菜，大火蒸10分钟至入味。
5. 取出后撒上葱花，淋上生抽即可。

妈妈说

好的腐竹应该是呈淡黄色、有光泽，质脆易折，有腐竹固有的香味，没有其他异味的。

牛肉娃娃菜 ★★★★

材料

牛肉250克
+

娃娃菜300克
+
青椒15克
+
红椒15克
+
姜片少许
+
蒜末少许
+
葱白少许
+
盐5克
+
水淀粉10毫升
+
味精5克
+
白糖3克
+
食粉3克
+
生抽3毫升
+
料酒3毫升
+
蚝油3克
+
鸡粉适量
+
食用油适量
+
辣椒酱适量

做法

1. 娃娃菜切瓣，红椒、青椒均切圈，牛肉切片。
2. 牛肉加食粉、生抽、盐、味精、水淀粉、食用油，腌渍10分钟。
3. 锅中注水烧开，加盐、娃娃菜，焯煮后捞出。
4. 用油起锅，倒入娃娃菜、料酒、盐、鸡粉、水淀粉，炒匀装盘。
6. 用油起锅，倒入姜片、蒜末、葱白、牛肉、料酒、辣椒酱、盐、白糖、味精、蚝油、红椒、青椒，炒匀后盛在娃娃菜上即可。

妈妈说

牛肉含有丰富的蛋白质，且易于消化吸收，能够提高机体抗病能力，冬天食用更有暖胃的作用。

Garlic bolt

蒜薹

活血防癌、杀菌驱虫的好帮手

蒜薹，又称蒜毫，是从抽薹大蒜中抽出的花茎，是人们喜欢吃的蔬菜之一，常被误写作“蒜苔”。蒜薹在我国分布广泛，南北各地均有种植，是我国目前蔬菜冷藏业中贮量最大、贮期最长的蔬菜品种之一。蒜薹是很好的功能保健蔬菜，具有多种营养功效。蒜薹含有辣素，其杀菌能力可达到青霉素的十分之一，对病原菌和寄生虫都有良好的杀灭作用。

食品成分表 【可食部100克】

能量	66千卡
水分	81.8克
蛋白质	2.0克
脂质	0.1克
碳水化合物	15.4克
胡萝卜素	480微克
磷	52毫克
钙	19毫克
钠	3.8毫克
镁	28毫克
铁	4.2毫克

蒜薹的选购

选择看起来比较整齐、圆润的，深绿色的稍嫩一些，如果很容易掐断蒜薹的根部，表示比较新鲜。

蒜薹的清洗和保存

蒜薹的清洗只要掐头去尾后，用流水清洗即可。蒜薹的保存可以用报纸或其他没有油墨的纸张包裹起来，放进冰箱的储存室，但时间不宜过长。

炝拌手撕蒜薹 ★★★★

材料

蒜薹300克

+

蒜末少许

+

老干妈辣椒酱50克

+

陈醋5毫升

+

芝麻油5毫升

+

生抽适量

做法

1. 锅中注水烧开，倒入蒜薹，搅匀汆煮至断生后捞出，沥干水分。
2. 取一个碗，用手将蒜薹撕成细丝。
3. 倒入老干妈辣椒酱、蒜末，搅拌片刻。
4. 淋入少许生抽、陈醋、芝麻油，搅拌片刻。
5. 取一个盘子，将拌好的蒜薹倒入即可。

妈妈说

蒜薹外皮含有丰富的纤维素，可以刺激大肠排便，调治便秘。常吃蒜薹还能起到杀菌的作用。

蒜薹鸡蛋炒面 ★★★★

材料

熟圆面180克

+

蒜薹120克

+

鸡蛋液60克

+

生抽5毫升

+

老抽3毫升

+

盐2克

+

鸡粉2克

+

食用油适量

做法

1. 热锅注油烧热，倒入鸡蛋液，翻炒散。
2. 加入切成小段的蒜薹，翻炒匀，加入熟圆面，快速翻炒匀。
3. 加入生抽、老抽，翻炒上色。
4. 加入盐、鸡粉，翻炒入味，关火后盛出即可。

妈妈说

面条的主要营养成分有蛋白质、脂肪、碳水化合物等，并且面条易于消化吸收，深受孩子们的喜爱。

Potato

土豆

大地的美食，理想的减肥食品

土豆虽然是低脂食品，但含有丰富的维生素和矿物质，是理想的减肥食品。土豆含钾量高，可以降低中风风险，预防脑血管病症，保持血管弹性和消除高血压症状。又能健脾益气，治疗消化不良、便秘，预防慢性胃疾和大肠癌的现象。经常食用土豆可以提高免疫力，达到防止老化的效果。

食品成分表 【可食部100克】

能量	81千卡
水分	80克
蛋白质	2.7克
脂质	0.3克
碳水化合物	16.5克
胡萝卜素	30微克
磷	48毫克
钙	8.0毫克
钠	5.0毫克
镁	23毫克
铁	0.5毫克

土豆的选购

中等大小，形体圆润，没有皱痕与裂伤，重重的有分量的为佳。避免选购萌芽或带有绿皮的土豆。

土豆的清洗和保存

土豆清洗用软刷直接在水龙头下以流水刷洗后，再去皮。土豆因不适寒冷，可以用纸巾包好放在常温下，保持干燥保存即可。

土豆炖排骨 ★★★★★

材料

排骨255克
+

土豆135克
+

八角10克
+

葱段少许
+

姜片少许
+

料酒10毫升
+
盐2克
+
鸡粉2克
+
生抽4毫升
+
食用油适量

做法

1. 锅中注水烧开，倒入排骨，汆煮去除血水和杂质后捞出。
2. 用油起锅，倒入葱段、姜片、八角，爆香。
3. 倒入排骨、料酒、土豆块、生抽，炒匀，加入适量清水。
4. 盖上盖，大火煮开后转小火炖煮30分钟。
5. 揭盖，加入盐、鸡粉，翻炒调味后，装盘即可。

妈妈说

排骨具有很高的营养价值，能够补肾养血、滋阴润燥、补中益气、保健脾胃等。

洋葱土豆片 ★★★★

材料

洋葱100克
+

土豆300克
+

姜片5克
+

蒜末5克
+

鸡粉2克
+

盐2克
+

食用油适量

做法

1. 土豆斜刀切片，将土豆片放水中浸泡。洋葱切块，剥散。
2. 将浸泡土豆片的水倒出，加入姜片、蒜末、食用油，搅拌。
3. 备好微波炉，放入土豆，加热2分钟后取出。
4. 放入洋葱块、盐、鸡粉，搅拌后，再放入微波炉加热1分钟。
5. 打开炉门，将做好的土豆片取出装入盘中即可。

妈妈说

切洋葱前，把菜刀放在冷水中浸泡一会儿，再切就不会因受挥发物质刺激而流泪了。

Common yam

山药

促进消化的健康食材

山药富含食物纤维，黏性强，对于胃肠虚弱的体质，可帮助消化吸收、提振食欲，具有滋养肌肉及补益筋骨的功效。其中的高营养特性，适合生食或烹煮成各式精美的菜肴，但若煮食太久、温度过高会流失其酵素作用。取山药生食的原味，其中黏液充满了糖蛋白质酵素，能促进体内的消化功能，并有效预防胃肠病、消化不良及高血压的作用。

食品成分表 【可食部100克】

能量	73千卡
水分	82克
蛋白质	1.9克
脂质	2.2克
碳水化合物	12.8克
胡萝卜素	20微克
磷	32毫克
钙	16毫克
钠	9.0毫克
镁	20毫克
铁	0.3毫克

山药的选购

山药表面凹凸不明显，没有裂痕，须根烧，而且有重量者为佳。如果是切好的山药，则应该选择切开处呈白色的山药为佳。

山药的清洗和保存

山药处理时应戴手套或用盐水来清洗外皮和削皮，避免山药黏液沾到皮肤而引起刺痒。山药放入塑胶袋，置常温下保存即可。

红枣山药排骨汤 ★★★★

材料

山药185克

\+

排骨200克

\+

红枣35克

\+

蒜头30克

\+

水发枸杞15克

\+

姜片少许

\+

葱花少许

\+

盐2克

\+

鸡粉2克

\+

料酒6毫升

\+

食用油适量

做法

1. 锅中注水烧开，倒入排骨，去除血水和杂质后捞出。
2. 用油起锅，倒入姜片、蒜头，爆香，倒入排骨，快速翻炒。
3. 淋上料酒，注入清水至没过食材，倒入山药块、红枣。
4. 盖上盖，大火煮开后转小火炖1个小时后，倒入泡发好的枸杞。
5. 大火炖10分钟，加盐、鸡粉，翻炒调味，装碗后撒上葱花即可。

妈妈说

山药具有清虚热、固肠胃的作用，排骨含有大量的骨胶原、钙质。这道汤品可以改善食欲不佳、疲劳、脾胃虚弱等症状。

腰果莴笋炒山药 ★★★★

材料

腰果60克
+

铁棍山药150克
+

莴笋200克
+

胡萝卜100克
+

蒜末少许
+

葱白少许
+
盐6克
+
鸡粉2克
+
水淀粉适量
+
料酒适量
+
食用油适量

做法

1. 山药、胡萝卜、莴笋均切滚刀块。
2. 锅中注水烧开，加4克盐、食用油、胡萝卜、莴笋、山药，焯煮后捞出。
3. 热锅注油，烧至三成热，放入腰果，炸约1分钟至熟。
4. 锅留底油，放入蒜末、葱段，爆香，倒入焯过水的材料，炒匀。
5. 加盐、鸡粉、料酒、水淀粉、腰果，快速拌炒均匀即可。

妈妈说

腰果味道香脆可口，含有丰富的微量元素和维生素，但也含有多种过敏原，因此对于过敏体质的孩子要注意食用。

Lotus root

莲藕

清凉退火、养神补血的好食材

莲藕含有维生素C和丰富的铁质，女性更年期内分泌失调、心烦、胸闷，甚至经期不定，常吃莲藕可以滋阴生血。怀孕妇女在妊娠期容易贫血，多吃莲藕排骨汤可加以补充孕妇和婴儿的营养。莲藕的食物纤维素可促进体内废物迅速排出，净化五脏血液；又富含维生素K和矿物质，能够消除胃肠内部热气。

食品成分表 【可食部100克】

能量	74千卡
水分	80克
蛋白质	1.8克
脂质	0.3克
碳水化合物	17克
胡萝卜素	20微克
磷	3.0毫克
钙	27毫克
钠	44.2毫克
镁	10毫克
铁	1.4毫克

莲藕的选购

表皮无损伤，切口要新鲜，藕节短且粗，越重越好，表面光滑呈淡红色，内侧的孔要大，且孔中不可有污渍。

山药的清洗和保存

将莲藕表皮上的泥土刷洗干净，去皮后，清洁洞内泥沙后清洗即可。保存时可用报纸包好，放入冰箱冷藏保存。

莲藕焖排骨 ★★★★

材料

莲藕300克
+

排骨580克
+

干辣椒10克
+

八角少许
+

桂皮少许
+
姜片少许
+
葱段少许
+
料酒6毫升
+
生抽5毫升
+
盐3克
+
鸡粉2克
+
水淀粉4毫升
+
食用油适量

做法

1. 锅中注水烧开，倒入排骨，汆煮后捞出，沥干水分，待用。
2. 热锅注油烧热，放入干辣椒、八角、桂皮、姜片，炒香。
3. 倒入排骨、料酒、生抽、莲藕，注入适量清水。
4. 加入少许盐，翻炒片刻后盖上盖，煮开后转小火焖40分钟。
5. 揭盖，加入鸡粉、水淀粉，翻炒收汁，倒入葱段，炒香即可。

妈妈说

莲藕和排骨都是属于比较难软烂的食材，所以加水焖煮的时候，一定要一次性加足水。

排骨玉米莲藕汤 ★★★★

材料

排骨块300克
+

玉米100克
+

莲藕110克
+

胡萝卜90克
+

香菜少许
+

姜片少许
+

葱段少许
+
盐2克
+
鸡粉2克
+
胡椒粉2克

做法

1. 玉米切小块，胡萝卜切滚刀块，莲藕切块。
2. 锅中注水烧开，倒入排骨块，汆煮去除血水后捞出。
3. 砂锅中注水烧热，倒入排骨块、莲藕、玉米、胡萝卜。
4. 加入葱段、姜片，拌匀煮至沸，盖上盖，转小火煮2个小时。
5. 揭盖，加盐、鸡粉、胡椒粉，搅拌调味后盛碗，放入香菜即可。

妈妈说

玉米的膳食纤维含量比较丰富，这道汤品可以有效地促进我们肠胃的吸收，改善肠道蠕动。

Corn

玉米

食物纤维含量丰富，主食类的食品

玉米成分中含大量淀粉质，许多人将玉米当做主食。玉米具有调中开胃、益肺宁心、利尿的作用，可治疗营养不足、消化不良、食欲不振、便秘，改善糖尿病，并可促进血液循环，降低胆固醇。玉米可说是一般人常吃到的普通食粮，而保健功能却是众多食物中的最优选，具有健脾和胃、润肺养心的功能。

食品成分表 【可食部100克】

能量	196千卡
水分	77.1克
蛋白质	4.0克
脂质	2.3克
碳水化合物	40.2克
膳食纤维	2.9克
磷	187毫克
钾	238毫克
钠	1.1毫克
镁	32毫克
铁	1.5毫克

玉米的选购

轻压玉米头、尾，若是压下时感觉软软的，则表示玉米可能授粉不完全、发育不好，能食用的部分较少，这种玉米不宜购买。

玉米的清洗和保存

玉米先用流水冲掉外表沾染的灰尘，浸泡片刻后再仔细清洗、切段。玉米保存应留下3层苞片，不必摘去玉米须和清洗，放入保鲜袋冷藏。

胡萝卜玉米虾仁 ★★★★

材料

胡萝卜200克

\+

鲜玉米粒100克

\+

洋葱130克

\+

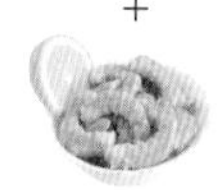

虾仁80克

\+

熟红腰果70克

\+

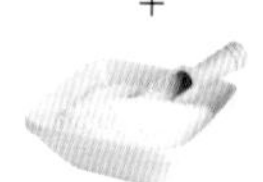

盐2克

\+

鸡粉2克

\+

蒸鱼豉油4毫升

\+

橄榄油适量

做法

1. 胡萝卜切丁，洋葱切小块，虾背切开后去除虾线。
2. 锅中注水烧开，放盐、橄榄油，倒入胡萝卜、玉米粒，拌匀。
3. 再放入洋葱、虾仁，煮约2分钟后捞出，装碗。
4. 放盐、鸡粉、蒸鱼豉油、橄榄油，拌匀。
5. 把拌好的食材装盘，放上红腰果即可。

妈妈说

漂洗冷冻虾仁时，待虾仁解冻后，将其浸泡在1:10的盐水中，直至虾仁筋膜脱落为止。

玉米包 ★★★★

材料

玉米面100克

+

面粉200克

+

玉米粒30克

+

牛奶40毫升

+

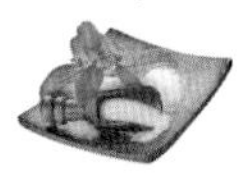

白糖10克

+

酵母粉3克

+

泡打粉6克

+

玉米叶15克

+

食用油适量

做法

1. 将面粉、玉米面、泡打粉、酵母粉、白糖、牛奶放入碗中拌匀。
2. 加食用油，揉制成面团后用保鲜膜封住碗口，常温下发酵2小时。
3. 手上蘸上面粉后将面团揉成条，分成两份，用擀面杖擀成面皮。
4. 放入玉米粒，将面皮卷成玉米状，用刀在表面上划上网格花刀。
5. 盘中撒上面粉，放入玉米包生坯，放入蒸锅中蒸15分钟。
6. 取出后用玉米叶贴在玉米包上制成玉米状。

妈妈说

抓一把玉米面放在盛有净水的容器中，如果很快变得浑浊、不透明，并且呈浅黄或深黄色，说明该玉米面中掺了颜料。

Snap bean

四季豆

润肤补血、帮助排泄的食材

四季豆号称蔬菜中的肉类，四季都有生长，尤其在夏季食用，更具有消暑、润肤的功效。平时热炒、氽烫、煮汤都适宜，但是要注意不能生吃四季豆。其实单独加点糖、葱拌炒两三下就很有味道，若是和肉类同炒就更有滋味。其中富含蛋白质和氨基酸，经常吃四季豆可以改善脚部浮肿、强健肠胃、促进食欲、帮助排泄，并且有益气健脾、滋补养血的功效。

食品成分表 【可食部100克】

能量	30千卡
水分	91.1克
蛋白质	2.2克
脂质	0.1克
碳水化合物	6.1克
胡萝卜素	210微克
磷	42毫克
钙	42毫克
钠	3.0毫克
镁	27毫克
铁	0.8毫克

四季豆的选购

选择豆荚表面细腻翠绿，感觉滋润，且豆粒不会凸出、豆荚容易折断者为佳。

四季豆的清洗和保存

四季豆清洗时用清水冲洗多次，并除去两端蒂头和筋丝即可。四季豆容易干燥，要装在保鲜袋中，放入冰箱冷藏保存即可。

干煸四季豆 ★★★★

材料

四季豆300克
+

干辣椒3克
+

蒜末少许
+

葱白少许
+

盐3克
+

味精2克
+

生抽适量
+
豆瓣酱适量
+
料酒适量
+
食用油适量

做法

1. 洗净的四季豆切成段，热锅注油，烧至四成热后倒入四季豆。
2. 滑油1分钟后捞出四季豆，倒入蒜末、葱白、干辣椒爆香。
3. 再倒入四季豆，加盐、味精、生抽、豆瓣酱、料酒。
4. 翻炒约2分钟至入味后，盛盘即可。

妈妈说

干煸的烹调方法是将原料直接加热，使其水分因受热外渗而挥发，达到浓缩风味的效果，再加入调味料和辅料，口味浓郁。

凉拌四季豆 ★★★★

材料

四季豆200克

+

红椒10克

+

蒜末少许

+

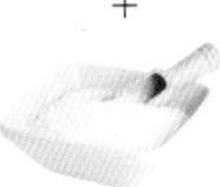

盐3克

+

鸡粉少许

+

生抽3毫升

+

陈醋适量

+

芝麻油适量

+

食用油适量

做法

1. 洗净的四季豆切段，红椒去籽切丝。
2. 锅中注水烧开后，加入少许食用油、盐、四季豆，煮熟。
3. 加入红椒丝，再煮片刻至断生后捞出食材。
4. 把四季豆、红椒丝倒入碗中，加入蒜末、盐、鸡粉、生抽、陈醋、芝麻油，拌匀调味后，盛出即可。

妈妈说

四季豆焯煮的时间依个人喜好而定，一般沸水焯煮3分钟，四季豆便基本熟透。

Cauliflower

西蓝花

提高免疫力、预防癌症的食材

西蓝花，又名为花菜、椰花菜、甘蓝花、花椰菜等，有白、绿两种，绿色的叫西蓝花、青花菜。白花菜和绿花菜的营养、作用基本相同，绿花菜比白花菜的胡萝卜素含量要高些。西蓝花是一种很受人们欢迎的蔬菜，味道鲜美，营养很高，具有很高的药用价值。 西蓝花含有蛋白质、糖、脂肪、维生素和胡萝卜素，营养成分位居同类蔬菜之首。

食品成分表 【可食部100克】

能量	23千卡
水分	73克
蛋白质	2.0克
脂质	0.1克
碳水化合物	4.2克
胡萝卜素	7210微克
磷	36毫克
钙	67毫克
钠	17毫克
镁	17毫克
铁	0.4毫克

西蓝花选购

西蓝花要选择球茎大、凹凸少、分量轻的为佳。花蕾青绿、柔软和饱满，中央隆起的也是比较好。

西蓝花的清洗和保存

西蓝花用刀把其表面的黑斑削掉，用盐水浸泡后，切成小块再用盐水清洗即可。洗净切块后稍微烫过，捞起沥干放凉后装袋冷藏保存。

西蓝花沙拉 ★★★★

材料

西蓝花块80克

+

圆白菜60克

+

紫甘蓝50克

+

圣女果40克

+

盐少许

+

白醋少许

+

沙拉酱少许

做法

1. 圣女果对半切开，圆白菜切块，紫甘蓝切块。
2. 锅中注水烧开，倒入圆白菜、西蓝花、紫甘蓝，汆煮后捞出。
3. 将蔬菜装碗，加入少许盐、白醋，搅拌匀。
4. 将备好的圣女果摆入盘中，倒入拌好的沙拉，挤上沙拉酱即可。

妈妈说

圆白菜通常不容易长虫，农药用量也比较少，所以用清水不断冲洗、漂洗即可。

西蓝花番茄意大利面 ★★★★

材料

熟螺丝形意大利面90克

\+

西蓝花90克

\+

洋葱40克

\+

番茄85克

\+

青椒40克

\+

盐2克

\+

蒜头2颗

\+

意大利香草调料10克

\+

黑胡椒2克

\+

橄榄油适量

\+

食用油适量

做法

1. 蒜头切片，洋葱、青椒去籽切块，西蓝花切小朵，番茄切丁。
2. 锅中注水煮开，加入食用油、盐、西蓝花，煮至断生后捞出。
3. 热锅注入橄榄油，倒入蒜片、洋葱、青椒、熟螺丝形意大利面。
4. 注入少许清水，加入盐、黑胡椒、番茄丁、西蓝花，翻炒。
5. 关火后将煮好的面盛入盘中，再撒上意大利香草调料即可。

妈妈说

如果孩子不喜欢意大利香草调料的味道，可以不添加，或者更换为其他调料。

part 3 吃肉最解馋

“无肉不欢，荤素搭配”才是饮食的最高境界。猪、牛、羊、鸡、鸭、鹅六种肉类的各种烹饪方法，家常美味不重样，让你的饭桌上时时飘着肉香味。鸡蛋、咸蛋、鹌鹑蛋，各种蛋料理，教你做出最美味的优质蛋白补充餐，让你和你的家人营养不缺失！书中精选每种食材的两种最佳烹饪方式，让你好吃停不下来！

孩子处于快速生长发育的阶段，对蛋白质的需求较大，因此肉类菜肴占据着孩子餐桌很大的比例。那么如何做出一道美味安全、不肥不腻、均衡营养的荤菜呢?

Pork

猪肉

补虚强身的日常主要副食品

猪肉又名豚肉，是主要家畜之一、猪科动物家猪的肉。猪肉更是人们餐桌上重要的动物性食品之一。因为猪肉纤维较为细软，结缔组织较少，肌肉组织中含有较多的肌间脂肪，因此，经过烹调加工后肉味特别鲜美。其性味甘咸平，含有丰富的蛋白质及脂肪、碳水化合物、钙、铁、磷等成分。猪肉具有补虚强身、滋阴润燥、丰肌泽肤的作用。

食品成分表 【可食部100克】

能量	395千卡
水分	46.8克
蛋白质	13.2克
脂质克	37.0克
碳水化合物	2.4克
维生素A	18微克
磷	162毫克
钙	6.0毫克
钠	59.4毫克
镁	16毫克
铁	1.6毫克

猪肉的选购

优质的猪肉，脂肪白而硬，且带有香味。肉的外面往往有一层稍带干燥的膜，肉质紧密，富有弹性，手指压后凹陷处立即复原。

猪肉的清洗和保存

猪肉烹调前不要用热水清洗，若用热水浸泡就会散失很多营养，同时口味也欠佳。新鲜猪肉只需放置冰箱内冷冻保存即可。

白菜木耳炒肉丝 ★★★★★

材料

白菜80克

\+

水发木耳60克

\+

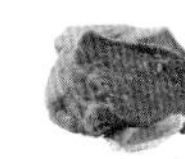

猪瘦肉100克

\+

红椒10克
+
姜片少许
+
蒜末少许
+
葱段少许
+
盐2克
+
生抽3毫升
+
料酒5毫升
+
水淀粉6毫升
+
白糖3克
+
鸡粉2克
+
食用油适量

做法

1. 白菜切粗丝，木耳切小块，红椒切条。猪瘦肉切细丝。
2. 肉丝装碗，加入盐、生抽、料酒、水淀粉，拌匀腌渍10分钟。
3. 用油起锅，倒入肉丝、姜末、蒜末、葱段、红椒，爆香。
4. 倒入料酒、木耳、白菜、盐、白糖、鸡粉、水淀粉，炒匀即可。

妈妈说

这是一道最常见的家常料理，丰富的食材搭配肉丝的嫩香，口感好，营养均衡。

秘制叉烧肉 ★★★★

材料

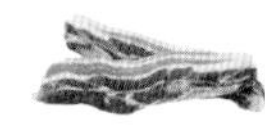

五花肉300克
+

姜片5克
+

蒜片5克
+

叉烧酱5克
+

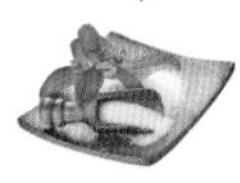

白糖4克
+

生抽4毫升
+

食用油适量

做法

1. 五花肉装碗，倒入叉烧酱、白糖、生抽，拌匀腌渍2小时。
2. 取出电饭锅，通电后倒入腌好的五花肉、姜片、蒜片、食用油。
3. 搅拌均匀后，盖上盖子，蒸煮1小时后盛出即可。

妈妈说

制作叉烧肉应该要选择较瘦的、没有皮及太多肥肉的，蒸煮的时间越长，肉就会越软烂。

Pig's feet

猪蹄

胶原蛋白含量丰富的美容食品

猪蹄是指猪的脚部（蹄）和小腿，在中国又叫元蹄，在华人世界中，猪蹄是猪常被人食用的部位之一，有多种不同的烹调做法。猪蹄含有丰富的胶原蛋白质，脂肪含量也比肥肉低。它能防治皮肤干瘪起皱、增强皮肤弹性和韧性，对延缓衰老和促进儿童生长发育都具有特殊意义。为此，人们把猪蹄称为“美容食品” 和“类似于熊掌的美味佳肴”。

食品成分表 【可食部100克】

能量	260千卡
水分	58.2克
蛋白质	22.6克
脂质	18.8克
碳水化合物	0克
维生素A	3微克
磷	33毫克
钙	33毫克
钠	101毫克
镁	5.0毫克
铁	1.1毫克

猪蹄的选购

挑选猪蹄需注意：颜色发白、个头过大、脚趾处分开并有脱落痕迹的是双氧水浸泡的化学猪蹄。

猪蹄的清洗和保存

现在买回来的猪蹄一般都很干净，只要将零星的几根猪毛拔掉，再用水冲洗一下就可以了。猪蹄用保鲜膜包好，放在阴凉潮湿的地方即可。

可乐猪蹄 ★★★★

材料

可乐250毫升

\+

猪蹄400克

\+

红椒15克

\+

葱段少许

\+

姜片少许

\+

盐3克

\+

鸡粉2克

\+

白糖2克

\+

料酒15毫升

\+

生抽4毫升

\+

水淀粉适量

\+

芝麻油适量

\+

食用油适量

做法

1. 锅中注水烧开，倒入猪蹄、料酒，汆煮后捞出，装盘。
2. 热锅注油，放入姜片、葱段、猪蹄、生抽、料酒，炒匀。
3. 倒入适量可乐、盐、白糖、鸡粉，盖上盖子，小火焖20分钟。
4. 揭盖，夹出葱段、姜片，倒入去籽切好的红椒片，炒匀。
5. 淋入适量水淀粉、芝麻油，翻炒后装盘，淋上味汁即可。

妈妈说

可乐猪蹄是以猪蹄为主要食材的佳肴，富含蛋白质，但胃肠消化功能减弱的孩子不宜一次性食用过多。

三杯卤猪蹄 ★★★★★

材料

猪蹄块300克

\+

白酒7毫升

\+

青椒圈25克

\+

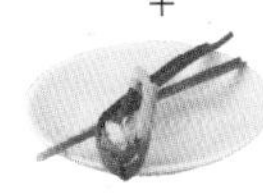

葱结少许

\+

姜片少许

\+

蒜头少许

\+

八角少许

\+

罗勒叶少许

\+

三杯酱汁120毫升

\+

盐3克

\+

食用油适量

做法

1. 锅中注水烧开，放入猪蹄块，汆煮2分钟后捞出，沥干水分。
2. 锅中注水烧热，倒入汆好的猪蹄、白酒、八角、姜片、葱、盐。
3. 大火煮沸后盖上盖，转小火煮60分钟后揭盖，捞出猪蹄块。
4. 用油起锅，放入蒜头、姜片、青椒圈，爆香。
5. 倒入三杯酱汁、猪蹄、适量清水，盖上盖，烧开后转小火。
6. 卤约30分钟后揭盖，放入罗勒叶，拌匀后装盘即可。

妈妈说

三杯酱汁也可以自行制成，需要材料为米酒、肉桂粉、白糖、酱油膏、辣豆瓣、甘草粉、鸡精粉、茄汁、胡椒、乌醋。

Pork liver

猪肝

理想的补血食品

肝脏是动物体内储存养料和解毒的重要器官，含有丰富的营养物质，具有营养保健功能，是最理想的补血佳品之一。

食品成分表 【可食部100克】

能量	129千卡
水分	70.7克
蛋白质	19.3克
脂质	3.5克
碳水化合物	5.0克

猪肝的选购和保存

颜色紫红均匀，有光泽、弹性，无水肿、硬块的为正常猪肝。在新鲜猪肝表面均匀涂一层油后冷藏保存即可。

★★★

猪肝豆腐汤

做法

1. 锅中注入水烧开，倒入洗净切块的豆腐，拌煮至断生。
2. 放入已经洗净切好，并用生粉腌渍过的猪肝，撒入姜片、葱花，煮至沸。
3. 加少许盐拌匀调味，用小火煮约5分钟至汤汁收浓，关火后盛出煮好的汤料即可。

材料

猪肝100克 + 豆腐150克 + 葱花少许 + 姜片少许 + 盐2克 + 生粉3克

胡萝卜炒猪肝 ★★★★

材料

胡萝卜150克
+

猪肝200克
+

青椒片15克
+

红椒片15克
+
蒜末少许
+
葱白少许
+
姜末少许
+
盐5克
+
味精4克
+
水淀粉10毫升
+
生粉3克
+
鸡粉3克
+
料酒3毫升
+
蚝油适量
+
食用油适量

做法

1. 胡萝卜、猪肝均切片，猪肝加盐、味精、料酒、生粉、油腌渍10分钟。
2. 锅中注水烧开，加盐、胡萝卜、油焯煮后捞出，倒入猪肝汆煮。
3. 用油起锅，倒入姜末、蒜末、葱白、青椒、红椒爆香。
4. 放入猪肝、料酒、胡萝卜、盐、味精、鸡粉、蚝油、水淀粉、熟油炒匀，装盘即可。

妈妈说

胡萝卜和猪肝都含有丰富的维生素A，具有明目、防电离辐射的功效。

石斛银耳猪肝汤 ★★★★★

材料

猪肝200克

+

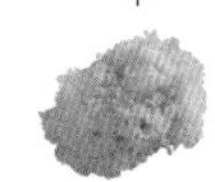

水发银耳120克

+

石斛7克

+

排骨段45克

+

红枣少许

+

姜片少许

+

盐少许

做法

1. 锅中注水烧开，放入排骨段汆煮后捞出，再倒入猪肝焯煮。
2. 砂锅注水烧热，倒入汆过水的食材、姜片、红枣、石斛、银耳。
3. 盖上盖，烧开后转小火煮约120分钟后揭盖，加盐，拌匀。
4. 转中火略煮，至汤汁入味后关火，盛出即可。

妈妈说

石斛是很常见的药用植物，具有滋阴清热、益胃生津的作用，可用于口干烦渴、食少干呕、目暗不明等症状。

Pork tripe

猪肚

补益脾胃、补中益气的食材

猪肚为猪科动物猪的胃，具有治虚劳羸弱、泄泻、下痢、消渴、小便频数、小儿疳积的功效，同时能用猪肚烹调出各种美食。猪肚常用于虚劳消瘦、脾胃虚腹泻、尿频或遗尿、小儿疳积。常配其他的食疗药物，装入猪肚，扎紧，煮熟或蒸熟食。如治小儿消瘦、脾虚少食、便溏腹泻，可配伍党参、白术、薏苡仁、莲子、陈皮煮熟食。

食品成分表 【可食部100克】

能量	110千卡
水分	78.2克
蛋白质	15.2克
脂质	5.1克
碳水化合物	0.7克
维生素A	3微克
磷	124毫克
钙	11毫克
钠	75.1毫克
镁	12毫克
铁	2.4毫克

猪肚的选购

新鲜的猪肚富有弹性和光泽，白色中略带浅黄色，粘液多，质地坚而厚实。新鲜猪肚呈乳白色或淡黄褐色，黏膜清晰，有较强的韧性。

猪肚的清洗

将猪肚剪一个小口子，把内面层翻出来，用小刀把上面的残留物刮干净，将面粉撒在猪肚表面，将其拿在手里不停地搓揉5分钟即可。

白果覆盆子猪肚汤 ★★★

材料

白果90克
+

覆盆子20克
+

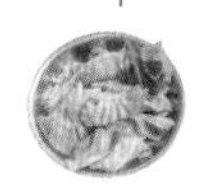

猪肚400克
+

姜片少许
+

葱段少许
+

盐2克
+

鸡粉2克
+
料酒10毫升
+
胡椒粉适量

做法

1. 猪肚切条，砂锅注水烧开后放入猪肚、料酒，汆煮后捞出。
2. 砂锅注水烧热，放入白果、覆盆子、姜片、猪肚、料酒，拌匀。
3. 盖上盖，烧开后用小火再炖1小时后揭盖，加盐、鸡粉、胡椒粉。
4. 再煮片刻后盛出，撒上葱段即可。

妈妈说

覆盆子是一种水果，果实味道酸甜，具有益肾固精、缩尿、养肝明目的功效。

白果扣猪肚 ★★★★

材料

上海青170克
+

熟猪肚100克
+

去皮白果60克
+

姜片少许
+

葱碎少许
+

盐3克
+

鸡粉2克
+
白糖2克
+
水淀粉5毫升
+
食用油适量

做法

1. 猪肚切条装碗，加白果、姜片、葱碎、清水、盐、鸡粉，待用。
2. 沸水锅中放入盐、上海青，汆烫约后捞出，摆盘。
3. 电蒸锅注水烧开，放入猪肚和白果，蒸20分钟后取出，倒扣在上海青上，两颗上海青之间放入一粒白果，待用。
4. 锅中倒入猪肚和白果蒸出的汤汁、少许清水、盐、鸡粉、白糖、水淀粉，搅匀调味至酱汁微稠。
5. 加入食用油，搅匀后淋在食材上即可。

Ribs

排骨

味道鲜美的钙质补充食材

排骨，指猪、牛、羊等动物剔肉后剩下的肋骨和脊椎骨，上面还附有少量肉类，可以食用，如红烧排骨，是一道家常菜。猪排骨味道鲜美，也不会太过油腻。猪排骨除含蛋白质、脂肪、维生素外，还含有大量磷酸钙、骨胶原、骨粘蛋白等，可为幼儿和老人提供钙质。猪排骨适宜于气血不足、阴虚纳差者，但湿热痰滞内蕴者慎服，肥胖、血脂较高者不宜多食。

食品成分表 【可食部100克】

能量	264千卡
水分	58.8克
蛋白质	18.3克
脂质	20.4克
碳水化合物	1.7克
维生素A	12微克
磷	125毫克
钙	8.0毫克
钠	44.5毫克
镁	17毫克
铁	0.8毫克

排骨的选购

新鲜的排骨外观颜色鲜红，略带点腥味，用力按压，排骨上的肉能迅速地恢复原状。

排骨的清洗和保存

解冻排骨应置于袋内放在细细的水流下，使其慢慢解冻，并且烹饪前不要用热水清洗。排骨可以放入保鲜袋内，放入冷冻室保存。

西芹炒排骨 ★★★★

材料

排骨块200克
+

西芹100克
+

姜片少许
+

葱段少许
+

花椒10克
+
八角10克
+
盐2克
+
鸡粉2克
+
胡椒粉2克
+
生抽5毫升
+
料酒5毫升
+
水淀粉5毫升
+
食用油适量

做法

1. 沸水锅中倒入排骨、八角、花椒、盐，汆煮后捞出。
2. 另起锅注油烧热，倒入葱段、姜片，爆香。
3. 倒入排骨、西芹、生抽、料酒、清水、盐、鸡粉、胡椒粉。
4. 淋上水淀粉，进行勾芡，充分拌匀入味后装盘即可。

妈妈说

西芹含有丰富的膳食纤维，具有平肝降压、利尿的功效。排骨炒西芹具有滋阴润燥、益精补血的作用。

Preserved meat

腊肉

肥而不腻、色香味俱全

腊肉是指肉经腌制后再经过烘烤（或日光下曝晒）的过程所制成的加工品。腊肉的防腐能力强，耐保存且风味独特。

食品成分表 【可食部100克】

能量	181千卡
水分	63.1克
蛋白质	22.3克
脂质	9.0克
碳水化合物	2.6克

腊肉的选购

色泽鲜明，肌肉呈鲜红或暗红色，脂肪透明或呈乳白色，肉身干爽、结实、富有弹性的是优质腊肉。

★★★

白萝卜卷心菜腊肉咸汤

做法

1. 白萝卜切滚刀块，卷心菜、腊肉切小块。
2. 碗中放入白萝卜、卷心菜、腊肉、盐、胡椒粉、凉开水，用保鲜膜将碗口盖住。
3. 将食材放入微波炉，加热3分30秒。
4. 待时间到打开炉门，将食材取出，揭去保鲜膜即可。

材料

白萝卜60克 ＋ 卷心菜40克 ＋ 腊肉片20克 ＋ 盐适量 ＋ 胡椒粉适量

家常腊味芦笋 ★★★★

材料

芦笋80克

+

腊肉100克

+

姜丝少许

+

鸡粉1克

+

盐1克

+

料酒5毫升

+

水淀粉5毫升

+

食用油适量

做法

1. 芦笋切段，腊肉切片后放入沸水中，焯煮后捞出，沥干水分。
2. 锅中再倒入切好的芦笋，汆煮一会儿至断生，捞出待用。
3. 热锅注油，倒入姜丝，爆香，放入焯好的腊肉，翻炒均匀。
4. 加入料酒，倒入汆好的芦笋，炒香约1分钟，加入盐、鸡粉。
5. 翻炒至入味，加入水淀粉，翻炒至收汁，关火后盛出菜肴，装盘即可。

妈妈说

芦笋富含多种氨基酸、蛋白质和维生素，具有调节机体代谢、提高身体免疫力的功效。

Tripe

牛肚

补虚羸、健脾胃、补气血

牛肚即牛胃。牛为反刍动物，共有四个胃，前三个胃为牛食道的变异，即瘤胃、网胃、瓣胃，最后一个为真胃，又称皱胃。

食品成分表 【可食部100克】

能量	72千卡
水分	83.4克
蛋白质	14.5克
脂质	1.6克
碳水化合物	0克

牛肚的选购

颜色不是其应有的白色，且体积肥大的应避免购买。用甲醛泡发的牛肚易碎且加热后快速萎缩，应避免食用。

★★★★

麻酱拌牛肚

做法

1. 红椒、青椒切丝。牛肚去油脂后切细丝。
2. 取小碗，加盐、白糖、鸡粉、生抽、辣椒油、芝麻酱、蒜末、姜片、葱花，拌匀。
3. 取大碗，倒入牛肚、青椒、红椒，倒入味汁，撒上白芝麻，拌匀入味。
4. 将拌好的凉菜盛入盘中即可。

材料

熟牛肚300克 + 红椒10克 + 青椒10克 + 白芝麻15克 + 芝麻酱10克 + 蒜末少许 + 姜末少
葱花少许 + 盐2克 + 鸡粉2克 + 白糖3克 + 生抽5毫升 + 辣椒油少许

牛肚菜心粥 ★★★★

材料

熟牛肚85克

+

菜心120克

+

水发大米140克

+

盐2克

做法

1. 菜心切碎，熟牛肚切丁，备用。
2. 砂锅注水烧开，倒入大米、牛肚，盖上盖。
3. 烧开后用小火煮约30分钟后揭盖，倒入菜心，拌匀。
4. 加入少许盐，搅拌匀，煮至食材入味后盛出即可。

妈妈说

选购菜心基本上都是要选嫩一点的，最好梗不要太粗的，也不要太长的。

Beef

牛肉

暖胃养胃，寒冬补益佳品

牛肉是肉类食品之一。中国的人均牛肉消费量仅次于猪肉。牛肉蛋白质含量高 ，而脂肪含量低，味道鲜美。牛肉含有丰富的蛋白质，氨基酸。其组成比猪肉更接近人体需要，能提高机体抗病能力，对生长发育及手术后、病后调养的人在补充失血和修复组织等方面特别适宜。有补中益气、滋养脾胃、强健筋骨、化痰息风、止渴止涎的功能。

食品成分表 【可食部100克】

能量	125千卡
水分	72.8克
蛋白质	19.9克
脂质	4.2克
碳水化合物	2.0克
维生素A	7.0微克
磷	168毫克
钙	23毫克
钠	84.2毫克
镁	20毫克
铁	3.3毫克

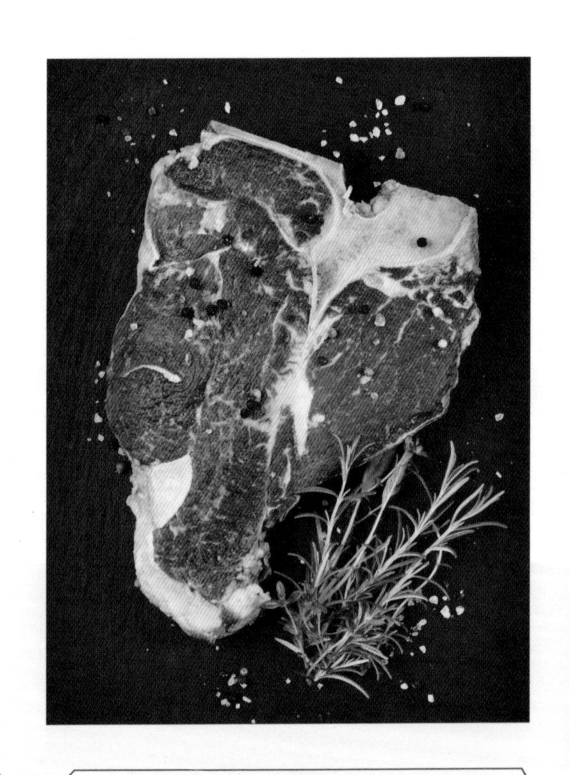

牛肉的选购

肉皮无红点是好肉。新鲜肉有光泽，红色均匀，脂肪洁白或淡黄色，气味正常，有弹性，指压后凹陷立即恢复。

牛肉的清洗

将牛肉放入清水中，浸泡4～6小时，把牛肉中的淤血泡出、洗净，然后用板刷刷洗1次，再用清凉水过4次即可。

牛肉豆豉炒凉粉 ★★★★

材料

凉粉450克
+

牛肉50克
+

青椒30克（1根）
+

红椒40克（1根）
+

豆豉适量
+
姜片少许
+
蒜末少许
+
葱段少许
+
盐3克
+
鸡粉3克
+
老抽3毫升
+
生抽5毫升
+
食用油适量

做法

1. 凉粉切小块，青椒、红椒去籽切块，牛肉切碎。
2. 沸水锅中倒入凉粉块，汆烫约2分钟后捞出，沥干水分。
3. 用油起锅，倒入牛肉碎炒至转色后加豆豉、姜片、蒜片、葱段。
4. 放入凉粉、青椒、红椒、生抽、盐、鸡粉、老抽，翻炒至入味。
5. 关火后盛出炒好的凉粉，装盘即可。

妈妈说

凉粉的做法是：将绿豆粉泡好，搅成糊状，水烧至将开，加入白矾，并倒入备好的绿豆糊，放凉即可。

清真红烧牛肉 ★★★★

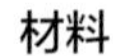

材料

牛肉500克
+
胡萝卜50克
+
洋葱50克
+
青椒40克
+
草果5克
+
姜片5克
+
葱段5克
+
干山楂片5克
+
番茄酱10克
+
豆瓣酱10克
+
八角少许
+
香叶少许
+
鸡粉3克
+
白糖3克
+
盐2克
+
水淀粉4毫升
+
料酒7毫升
+
生抽5毫升
+
食用油适量

做法

1. 牛肉切丁，洋葱、青椒切块，胡萝卜切片。
2. 锅中注水烧开，倒入牛肉汆煮后捞出，沥干水分。
3. 热锅注油烧热，放入八角、香叶、草果、葱段、姜片，爆香。
4. 倒入牛肉块、豆瓣酱、番茄酱、料酒、生抽，注入适量清水。
5. 加山楂片、盐，盖上盖，煮开后转小火焖1小时后放入洋葱、胡萝卜、青椒、白糖、鸡粉、水淀粉，快速翻炒收汁后装盘即可。

妈妈说

山楂具有养颜瘦身、抗癌防老、增强机体免疫力、清除胃肠道有害细菌的功效。

Mutton

羊肉

有助于抵御风寒的冬令补品

羊肉，性温，有山羊肉、绵羊肉、野羊肉之分。古时称羊肉为羖肉、羝肉、羯肉。它既能御风寒，又可补身体，对一般风寒咳嗽、慢性气管炎、虚寒哮喘、肾亏阳痿、腹部冷痛、体虚怕冷、腰膝酸软、面黄肌瘦、气血两亏、病后或产后身体虚亏等一切虚状均有治疗和补益效果，最适宜于冬季食用，故被称为冬令补品，深受人们欢迎。

食品成分表 【可食部100克】

能量	203千卡
水分	65.7克
蛋白质	19克
脂质	14.1克
碳水化合物	0克
维生素A	22微克
磷	146毫克
钙	6.0毫克
钠	80.6毫克
镁	20毫克
铁	2.3毫克

羊肉的选购

正常的羊肉有一股很浓的羊膻味，鲜红色，肉壁厚度一般在4～5厘米左右。有瘦肉精的肉一般不带肥肉或者带很少肥肉，肥肉呈暗黄色。

羊肉的清洗和保存

清洗时撒一些盐，让羊肉的血水和表面的脏东西排出。保存的时候用保鲜袋密封装好，放入冰箱内冷冻即可。

红烧羊肉 ★★★★

材料

羊肉350克
+

山楂5克
+

八角2个
+
花椒粒5克
+
桂皮15克
+
干辣椒8克
+
大蒜30克
+
大葱段15克
+
姜片少许
+
香菜少许
+
孜然粉5克
+
盐3克
+
鸡粉3克
+
料酒5毫升
+
生抽10毫升
+
水淀粉10毫升
+
食用油适量

做法

1. 羊肉切块后倒入沸水锅中，汆煮后捞出，大蒜对半切开。
2. 热锅注油烧热，倒入大蒜、姜片、大葱段，爆香。
3. 倒入山楂、八角、花椒粒、桂皮、干辣椒、羊肉，炒匀。
4. 加料酒、生抽、清水、孜然粉、盐，加盖煮开后转小火煮1小时。
5. 揭盖，放入鸡粉、水淀粉，拌匀至入味后盛盘，撒上香菜即可。

妈妈说

红烧菜的成品多为深红、浅红或枣红色，味道咸鲜微甜、酥烂适口、汁黄浓香。

酱爆大葱羊肉 ★★★★

材料

羊肉片130克
+

大葱段70克
+

黄豆酱30克
+

盐1克
+

鸡粉1克
+

白胡椒粉1克
+
生抽5毫升
+
料酒5毫升
+
水淀粉5毫升
+
食用油适量

做法

1. 羊肉片装碗，加入盐、料酒、白胡椒粉、水淀粉、食用油。
2. 搅拌均匀，腌渍10分钟至入味。热锅注油，倒入羊肉炒至变色。
3. 倒入黄豆酱、大葱、鸡粉、生抽，大火翻炒至入味。
4. 关火后盛出菜肴，装盘即可。

妈妈说

大葱性微温，味辛，具有发表通阳、解毒调味、发汗抑菌和舒张血管的作用。

Chicken

鸡肉

肉质鲜美、易于消化的肉类

鸡肉指鸡身上的肉，鸡的肉质细嫩，滋味鲜美，适合多种烹调方法，并富有营养，有滋补养身的作用。鸡肉不但适于热炒、炖汤，而且是比较适合冷食凉拌的肉类。但切忌吃过多的鸡翅等鸡肉类食品，以免引起肥胖。鸡肉味甘，性微温，能温中补脾、益气养血、补肾益精。且消化率高，很容易被人体吸收利用，有增强体力、强壮身体的作用。

食品成分表 【可食部100克】

能量	167千卡
水分	69克
蛋白质	19.3克
脂质	9.4克
碳水化合物	1.3克
维生素A	48微克
磷	156毫克
钙	9.0毫克
钠	63.3毫克
镁	19毫克
铁	1.4毫克

鸡肉的选购

新鲜卫生的鸡肉块大小不会相差特别大，颜色是白里透着红，看起来有亮度，手感比较光滑。

鸡肉的清洗和保存

把剁好的鸡肉用清水泡上几遍，去血水，再用清水冲洗。新鲜鸡肉装在保鲜袋中，放入冰箱冷冻保存即可。

鸡肉卷心菜圣女果汤 ★★

材料

卷心菜50克

+

鸡肉50克

+

圣女果70克

+

芝士粉5克

+

胡椒粉3克

+

盐2克

做法

1. 圣女果对切，卷心菜切块，鸡肉剁成末，全部食材倒入碗中。
2. 加入胡椒粉、盐、适量的凉开水，用保鲜膜将碗口盖住。
3. 将食材放入微波炉中，加热3分30秒后取出。
4. 揭去保鲜膜，撒上芝士粉即可。

妈妈说

芝士分为加工芝士和天然芝士两种，但不管哪种芝士，都含有丰富的蛋白质、B族维生素、钙质，是高热量、高脂肪的食物。

京味鸡肉卷 ★★★★

材料

鸡肉200克

\+

黄瓜80克

\+

去皮胡萝卜80克

\+

大葱60克
+
生粉50克
+
面粉180克
+
生菜70克
+
辣椒酱30克
+
盐2克
+
蚝油3克
+
胡椒粉2克
+
料酒5毫升
+
生抽5毫升
+
食用油适量

做法

1. 大葱、黄瓜、胡萝卜均切条，鸡肉去骨，切大块，装碗。
2. 鸡肉中加入盐、生抽、蚝油、料酒、胡椒粉，腌渍10分钟。
3. 用油起锅，放入腌好的鸡肉，煎至两面焦黄，放凉后切条状。
4. 面粉倒入大碗中，加入生粉、盐，分次注入约30毫升清水拌匀。
5. 拌匀后倒在案台上揉搓成纯滑面团，饧发20分钟后搓成长条状。
6. 将长条面团分成数个剂子，压平后擀成薄面皮，煎至两面微焦。
7. 面皮上抹辣椒酱，放上生菜叶、胡萝卜、大葱、黄瓜、鸡肉条，卷起面皮成鸡肉卷即可。

Silkie

乌鸡

肉质鲜美、营养价值高

乌骨鸡有白毛乌骨、黑毛乌骨、斑毛乌骨、骨肉全乌、肉白骨乌之分。乌骨鸡含有多种营养成分，它的血清总蛋白及丙种球蛋白的含量均高于普通肉鸡。乌骨鸡含有18种氨基酸，包括8种人体必需氨基酸，其中有10种比普通肉鸡的含量高。此外还含多种微量元素和常量元素，如钙、磷、铁、氯、钠、钾、镁、锌和铜等。

食品成分表 【可食部100克】

能量	111千卡
水分	73.9克
蛋白质	22.3克
脂质	2.3克
碳水化合物	0.3克
胆固醇	106毫克
磷	210毫克
钙	17毫克
钠	64毫克
镁	51毫克
铁	2.3毫克

乌鸡的选购

乌鸡的肌肉、内脏颜色均呈黑色。最好选择骨和肉都是黑色的乌鸡，骨膜漆黑发亮，骨质乌黑。

乌鸡的清洗

除净鸡毛后，清洗鸡皮和鸡脖子，必要时可以用刀子切去变色部分。鸡肚子要切开些，清洗干净，内脏用清水冲洗，鸡胗则需要用盐搓洗。

辣炒乌鸡 ★★★★

材料

乌鸡500克

+

青椒50克

+

红椒70克

+

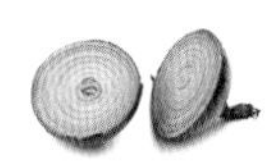

洋葱150克

+

姜片少许

+

鸡粉2克

+

料酒5毫升

+

生抽3毫升

+

豆瓣酱10克

+

白糖2克

+

水淀粉4毫升

+

食用油适量

做法

1. 洋葱、红椒、青椒切块。
2. 锅中注水烧开，倒入乌鸡块氽煮后捞出。
3. 热锅注油烧热，倒入姜片、豆瓣酱、洋葱、鸡块，翻炒片刻。
4. 淋入料酒、生抽、清水、鸡粉、白糖，搅匀调味。
5. 倒入红椒、青椒、水淀粉，搅匀收汁后装盘即可。

妈妈说

乌鸡肉中含的氨基酸高于普通的鸡，铁元素也比较多，具有滋阴清热、补肝益肾、健脾止泻等作用。

西洋参虫草花炖乌鸡 ★★★★

材料

乌鸡300克

+

虫草花15克

+

西洋参8克

+

姜片少许

+

盐2克

做法

1. 锅中注水烧开，倒入乌鸡块，汆煮后捞出。
2. 砂锅中注水烧热，倒入乌鸡、虫草花、西洋参、姜片，搅匀。
3. 盖上盖，煮开后转小火煮3小时至熟透后加入少许盐，搅匀调味。
4. 将鸡汤盛出装入碗中即可。

妈妈说

虫草花质量的主要标志是虫草素含量的高低，厂家应在包装上标明产品的含量，这才能放心购买。

Drumstick

鸡腿

温中益气、补虚填精

一种取自鸡的大腿的肉（带骨头的）。鸡腿肉蛋白质的含量比例较高，种类多，而且消化率高，易被人体吸收利用。

食品成分表 【可食部100克】

能量	181千卡
水分	70.2克
蛋白质	16克
脂质	13克
碳水化合物	0克

鸡腿的选购和保存

新鲜的鸡腿皮呈淡白色，肌肉结实而有弹性，干燥无异味。鸡腿用保鲜膜包裹起来后，放入冰箱保存。

★★★

酱炒鸡腿

做法

1. 锅中注水烧开，汆煮鸡块后捞出。
2. 热锅注油烧热，倒入八角、葱段、姜片、甜面酱、冬笋、鸡块、料酒、生抽拌匀。
3. 加水、糖、盐后大火煮开，转小火焖10分钟，揭盖，加入鸡粉、水淀粉，翻炒收汁，淋入芝麻油，拌匀装碗即可。

材料

鸡腿块200克 + 冬笋100克 + 甜面酱30克 + 姜片10克 + 葱段10克 + 八角适量 + 料酒4毫升 + 盐2克 + 生抽5毫升 + 白糖3克 + 鸡粉2克 + 芝麻油3毫升 + 水淀粉4毫升 + 食用油适量

鸡腿杂蔬意大利面 ★★★★

材料

意大利面40克

+

鸡腿肉250克

+

洋葱50克

+

去皮胡萝卜30克

+

去皮芦笋40克

+

牛奶150毫升

+

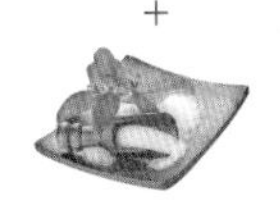

白糖适量

+

意大利香草适量

+

盐适量

做法

1. 洋葱切小块，芦笋拦腰切断，胡萝卜切段。
2. 鸡腿肉装碗，加盐、生菜、意大利香草、白糖，腌渍10分钟后放入烤盘中，盖上保鲜膜，加热10分钟后取出切成条。
3. 沸水锅中倒入意大利面，煮约8分钟至熟软，捞出待用。
4. 另起锅加入50毫升的清水，倒入洋葱、胡萝卜、芦笋、盐、意大利面、牛奶，煮至食材熟软后盛盘，将鸡腿肉摆在上面即可。

妈妈说

意大利面和中国面的区别在于，意大利面是由最硬质的小麦品种制成的，具有高密度、高蛋白质、高筋度的特点。

Chicken wing

鸡翅

胶原蛋白丰富，增强皮肤弹性

鸡翅是整个鸡身最为鲜嫩可口的部位之一，常见于多种菜肴或小吃中。它有温中益气、补精添髓、强腰健胃等功效。

食品成分表 【可食部100克】

能量	194千卡
水分	65.4克
蛋白质	17.4克
脂质	11.8克
碳水化合物	4.6克

鸡翅的选购和保存

最好选择发黄发干的，色泽肉色发亮，无断骨，无淤血。生鸡翅用保鲜袋或保鲜盒装好，冰箱冷冻保存。

★★★

香辣鸡翅

做法

1. 鸡翅装碗，加盐、生抽、白糖、料酒，腌渍15分钟后，用小火炸至其成金黄色。
2. 锅底留油烧热，倒入蒜末、干辣椒、鸡翅、料酒、生抽、辣椒面、辣椒油、盐，炒匀调味。
3. 撒上葱花，炒出葱香味后盛盘即可。

材料

鸡翅270克 ＋ 干辣椒15克 ＋ 蒜末少许 ＋ 葱花少许 ＋ 盐3克 ＋ 生抽3毫升 ＋ 白糖适量 ＋ 料酒适量 ＋ 辣椒油适量 ＋ 辣椒面适量 ＋ 食用油适量

珍珠蒸鸡翅 ★★★★

材料

鸡中翅250克

+

熟鹌鹑蛋90克

+

水发香菇30克

+

姜丝8克

+

葱花3克

+

鸡粉2克

+

胡椒粉1克

+

柱候酱20克

+

干淀粉10克

+

料酒10毫升

做法

1. 鸡翅两面各切上两道一字刀后装碗，加料酒、姜丝、胡椒粉、鸡粉和柱候酱，腌渍15分钟后倒入香菇、干淀粉，拌匀后摆盘。
2. 将熟鹌鹑蛋排列在鸡翅两旁。
3. 备好已注水烧开的电蒸锅，放入食材，蒸20分钟至熟。
4. 揭盖，取出蒸好的鸡翅，撒上葱花即可。

妈妈说

鹌鹑蛋外观小巧，但营养价值很高，具有补气益血、强筋壮骨、美颜美肤的功效。

Duck blood

鸭血

补血抗癌、清热解毒

鸭血为家鸭的血液，以取鲜血为好。鸭血富含铁、钙等各种矿物质，营养丰富。鸭血性味咸凉。有补血和清热解毒作用。

食品成分表 【可食部100克】

能量	108千卡
水分	72.6克
蛋白质	13.6克
脂质	0.4克
碳水化合物	12.4克

鸭血的选购和保存

真鸭血与假鸭血比，颜色暗、弹性好。鸭血放在淡盐水中浸泡保鲜，每天换水1~2次，可保鲜3天左右。

★★★

酸菜鸭血冻豆腐

做法

1. 冻豆腐切块，五花肉切薄片，鸭血切块，鸭血汆煮后捞出。
2. 热锅注油烧热，倒入五花肉，炒至变色。
3. 加入葱段、姜片、酸菜、冻豆腐、鸭血、水，加盖，大火煮开，调小火炖20分钟后加粉条、鸡粉充分拌匀后即可。

材料

鸭血200克 + 五花肉100克 + 东北酸菜50克 + 鸡粉3克 + 葱段少许+ 姜片少许 + 水发粉条150克 + 盐3克 + 冻豆腐150克 + 食用油适量

鸭血鲫鱼汤 ★★★★

材料

鲫鱼400克

+

鸭血150克

+

姜末少许

+

葱花少许

+

盐2克

+

鸡粉2克

+

水淀粉4毫升

+

食用油适量

做法

1. 鲫鱼去鱼头、鱼骨，片下鱼肉后装碗；鸭血切片。
2. 鱼肉加盐、鸡粉、水淀粉，拌匀腌渍，备用。
3. 锅中注水烧开，加盐、姜末、鸭血、油、鱼肉，撇去浮沫。
4. 把煮好的汤料盛出，装入碗中，撒上葱花即可。

妈妈说

鲫鱼味甘、性平，具有健脾、开胃、益气、利水、通乳、除湿的功效。

Flippers

鸭掌

胶原蛋白丰富的减肥食品

从营养学角度讲，鸭掌多含蛋白质，低糖，少有脂肪，是绝佳的减肥食品。鸭掌有丰富的营养价值，尤其适合骨营养不良者。

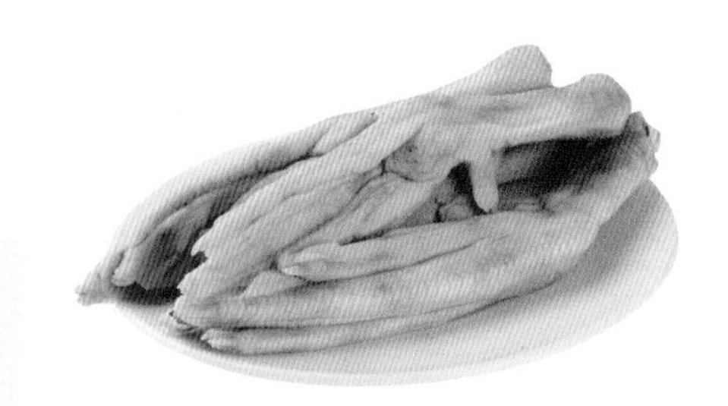

食品成分表 【可食部100克】

能量	150千卡
水分	64.7克
蛋白质	26.9克
脂质	1.9克
碳水化合物	6.2克

鸭掌的选购和保存

筋多、皮厚、无肉的鸭掌为好。把鸭肉放入保鲜袋内，入冰箱冷冻室内冷冻保存，保存温度越低，保存越长。

★★★

卤鸭掌

做法

1. 锅中注水，汆煮鸭掌后捞出，切去爪尖。
2. 香料及冰糖装隔渣袋，老卤水倒入锅中。
3. 放入鸭掌、香料袋、盐、味精、鸡粉、白酒，加盖大火烧开，改小火卤25分钟。
4. 鸭掌卤至熟烂，取出装盘即成。

材料

鸭掌350克 + 隔渣袋1个 + 红曲米少许 + 草果少许 + 花椒少许 + 葱少许 + 沙姜少许 + 冰糖少许 + 香叶少许 + 丁香少许 + 老卤水适量 + 盐适量 + 味精适量 + 鸡粉适量 + 白酒适量

老醋拌鸭掌 ★★★★

材料

鸭掌200克

+

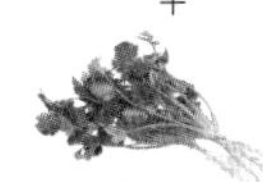

香菜10克

+

花生米15克

+

盐3克

+

卤水适量

+

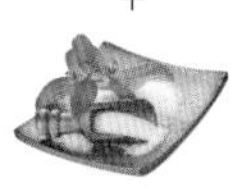

白糖适量

+

鸡粉适量

+

生抽适量

+

陈醋适量

+

食用油适量

做法

1. 热锅注油烧至三成热，倒入花生米，小火炸至其呈米黄色后捞出，放凉，去皮，剁成碎末，备用。
2. 另起汤锅，倒入卤水煮沸，放入鸭掌，盖上盖，大火煮沸转小火卤30分钟至熟，捞出沥干，放凉后剁去趾尖。
3. 鸭掌装碗，加白糖、生抽、陈醋、盐、鸡粉、花生末，拌匀后倒入香菜末，搅拌均匀即可。

妈妈说

卤水的配方中加有糖色，且色呈红棕色，若去掉配方中的糖色，便成白卤。家庭一般用红卤。

Duck meat

鸭肉

保护心脏疾病患者，B族维生素含量高

鸭肉是一种美味佳肴，适于滋补，是各种美味名菜的主要原料。鸭肉的营养价值与鸡肉相仿，但在中医看来，鸭子吃的食物多为水生物，故其肉性味甘寒，入肺胃肾经，有滋补、养胃、补肾、除痨热骨蒸、消水肿、止热痢、止咳化痰等作用。凡体内有热的人适宜食鸭肉，体质虚弱、食欲不振、发热、大便干燥和水肿的人食之更为有益。

食品成分表 【可食部100克】

能量	240千卡
水分	63.9克
蛋白质	15.5克
脂质	19.7克
碳水化合物	0.2克
维生素A	52微克
磷	122毫克
钙	6.0毫克
钠	69毫克
镁	14毫克
铁	2.2毫克

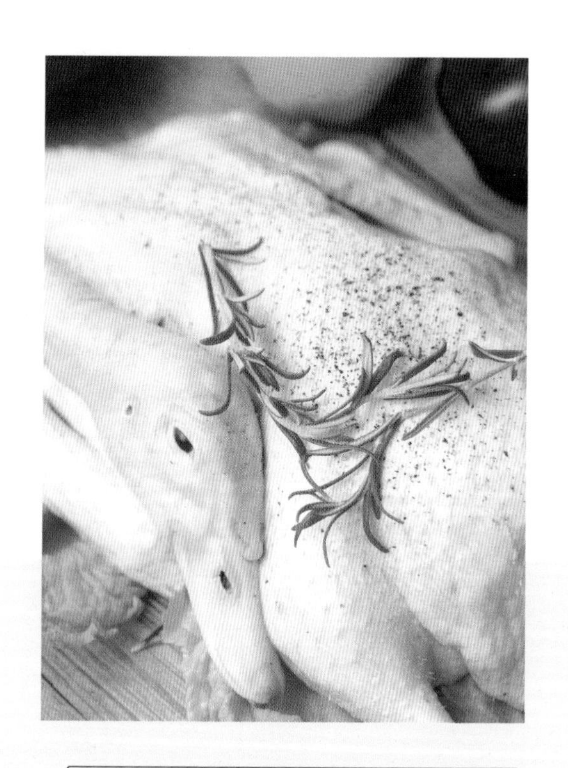

鸭肉的选购

表面光滑，呈乳白色，切面呈玫瑰色，形体一般为扁圆形，腿的肌肉模上去结实，有凸起的胸肉，在腹腔内壁上可清楚地看到盐霜的为佳。

鸭肉的清洗和保存

鸭肉的营养价值较高，但也易腐败变质。因此要将鸭肉剁好洗净，用保鲜袋装好，放入冷藏室中，这样能够保存3~5天左右。

红枣薏米鸭肉汤 ★★★★

材料

薏米100克

+

红枣少许

+

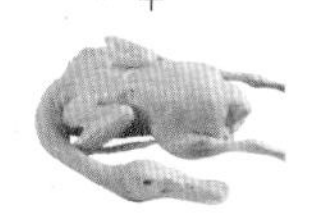

鸭肉块300克

+

葱花少许

+

高汤适量

+

盐2克

做法

1. 锅中注水烧开，放入鸭肉，汆去血水后过冷水，盛盘。
2. 另起锅，注入适量高汤烧开，加入鸭肉、薏米、红枣，拌匀。
3. 盖上锅盖，大火煮开后转中火，炖3小时后加盐拌匀。
4. 将煮好的汤料盛出，装入碗中，撒上香菜即可。

妈妈说

薏米味甘微寒，具有利水消肿、健脾祛湿、清热排脓、保持皮肤光泽细腻的功效。

砂锅鸭肉面 ★★★

材料

面条60克

+

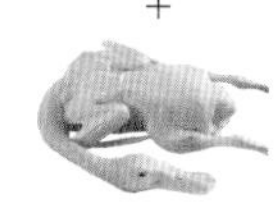

鸭肉块120克

+

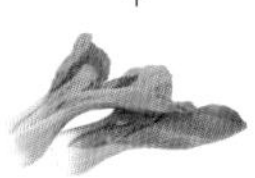

上海青35克

+

姜片少许

+

蒜末少许

+

葱段少许

+

盐少许

+

鸡粉少许

+

料酒7毫升

+

食用油适量

做法

1. 锅中注水烧开，倒入油、对半切开的上海青，焯煮后捞出。
2. 沸水锅中倒入鸭肉，汆去血水后捞出，沥干水分，待用。
3. 砂锅注水烧开，倒入鸭肉、料酒、蒜末、姜片，盖上盖子，烧开后转小火煮约30分钟。
4. 揭开盖，放入面条，拌匀，转中火煮至面条熟软，加盐、鸡粉拌匀。关火后取下砂锅，放入上海青，点缀上葱段即可。

妈妈说

选购上海青最好选择叶子较短的，叶片无损伤、锈色、斑疵、发白的。

Goose

鹅肉

脂肪含量极低的易消化肉类

鹅肉含有人体生长发育所必需的各种氨基酸，其组成接近人体所需氨基酸的比例，从生物学价值上来看，鹅肉是全价蛋白质、优质蛋白质。鹅肉中的脂肪含量较低，仅比鸡肉高一点，比其他肉要低得多。鹅肉不仅脂肪含量低，而且品质好，不饱和脂肪酸的含量高，特别是亚麻酸含量超过其他肉类，对人体健康有利。鹅肉脂肪的熔点亦很低，质地柔软，易消化吸收。

食品成分表 【可食部100克】

能量	251千卡
水分	61.4克
蛋白质	17.9克
脂质	19.9克
碳水化合物	0克
维生素A	42微克
磷	144毫克
钙	4.0毫克
钠	58.8毫克
镁	18毫克
铁	3.8毫克

鹅肉的选购

挑选肉色呈新鲜红色、血水不会渗出太多的鹅肉才新鲜。如果肉色已呈暗红，就不太新鲜了。

鹅肉的保存

鹅肉较易变质，购买后要马上放进冰箱。若一时吃不完，最好将剩下的鹅肉煮熟保存，而不要生的进行保存。

鹅肉烧冬瓜 ★★★★★

材料

鹅肉400克
+

冬瓜300克
+

姜片少许
+

蒜末少许
+

葱段少许
+

盐2克
+
鸡粉2克
+
水淀粉10毫升
+
料酒10毫升
+
生抽10毫升
+
食用油适量

做法

1. 锅中注水烧开，汆烫鹅肉，去血水后捞出，沥干水分。
2. 用油起锅，放入姜片、蒜末，爆香。
3. 倒入鹅肉、料酒、生抽、盐、鸡粉、适量清水，炒匀，煮至沸。
4. 盖上盖，小火焖20分钟后放入冬瓜块，再焖10分钟。
5. 揭开盖，转大火收汁，倒入适量水淀粉，快速翻炒均匀即可。

妈妈说

冬瓜味甘、性寒，具有消热、利水、消肿、化痰、解渴、消暑的功效。

菌菇冬笋鹅肉汤 ★★★

材料

鹅肉500克
+

茶树菇90克
+

蟹味菇70克
+

冬笋80克
+

姜片少许
+

葱花少许
+
盐2克
+
鸡粉2克
+
料酒20毫升
+
胡椒粉适量
+
食用油适量

做法

1. 茶树菇切段，蟹味菇切去老茎，冬笋切片，备用。
2. 锅中注水烧开，氽烫鹅肉，淋入料酒，去血水后捞出，沥干。
3. 砂锅注水烧开，加鹅肉、姜片、料酒，烧开后转小火炖30分钟。
4. 揭开盖，倒入茶树菇、蟹味菇、冬笋片，再炖20分钟。
5. 揭开盖，放入少许盐、鸡粉、胡椒粉，搅拌至食材入味即可。

妈妈说

冬笋既可以生炒，也可以炖汤，食用前最好用清水煮滚，放入冷水浸泡半天，可以去掉苦涩味。

Egg

鸡蛋

利用吸收率高、营养价值高

鸡蛋又名鸡卵、鸡子，是母鸡所产的卵，其外有一层硬壳，内则有气室、卵白及卵黄部分。

食品成分表 【可食部100克】

能量	144千卡
水分	74.1克
蛋白质	13.3克
脂质	8.8克
碳水化合物	2.8克

鸡蛋的选购和保存

良质鲜蛋的蛋壳会比较粗糙，重量适当。鸡蛋一个个用保鲜膜包好，放置蛋盒里冷藏即可。

★★★

彩椒玉米炒鸡蛋

做法

1. 彩椒去籽，切丁。鸡蛋打入碗中，加盐、鸡粉，制成蛋液。
2. 锅中注水烧开，倒入玉米粒、彩椒、盐，焯煮后捞出，沥干水分，待用。
3. 用油起锅，倒入蛋液，倒入焯过水的食材，翻炒均匀后装盘，撒上葱花即可。

材料

鸡蛋2个 + 玉米粒85克 + 彩椒10克 + 盐3克 + 鸡粉2克 + 食用油适量

肉松鸡蛋羹 ★★★★

材料

鸡蛋1个

+

肉松30克

+

葱花少许

+

盐1克

做法

1. 取茶杯或碗，打入鸡蛋，加入盐。
2. 注入30毫升左右的清水，将鸡蛋打散均匀。
3. 蛋液封上保鲜膜，放入蒸盘上，加盖，大火蒸10分钟。
4. 揭盖，取出并撕开保鲜膜，在蛋羹上放上肉松、葱花即可。

妈妈说

质量好的肉松应是金黄色、淡黄色，有光泽，呈疏松絮状的。我国著名的肉松产品有福建肉松、太仓肉松、涪陵肉松等。

Salted egg

咸蛋

风味独特的蛋类腌制品

咸蛋又称腌鸭蛋、咸鸭蛋，古称咸杬子，是一种中国传统食品，以江苏高邮所产的咸鸭蛋最为有名。

食品成分表 【可食部100克】

能量	190千卡
水分	61.3克
蛋白质	12.7克
脂质	12.7克
碳水化合物	6.3克

咸蛋的选购和保存

品质好的咸蛋外壳干净、光滑圆润，无裂缝，蛋壳青色。在泥皮外包上保鲜膜，常喷洒水，阴凉处保存即可。

★★★

咸蛋黄炒黄瓜

做法

1. 黄瓜斜刀切段，彩椒切菱形片，咸蛋黄切块。用油起锅，倒入黄瓜、彩椒，炒匀。
2. 注入适量高汤，放入蛋黄加盖，小火焖5分钟后加盐、鸡粉、胡椒粉，炒匀调味。
3. 用水淀粉勾芡，至食材入味。
4. 关火后盛出菜肴，装入盘中即可。

材料

黄瓜160克 ＋ 彩椒12克 ＋ 咸蛋黄60克 ＋ 高汤70毫升 ＋ 盐少许 ＋ 胡椒粉少许 ＋ 鸡粉2克 ＋ 水淀粉适量 ＋ 食用油适量

咸蛋黄烧豆腐 ★★★★

材料

嫩豆腐180克

+

熟咸蛋黄3个

+

葱花30克

+

鸡粉2克

+

盐少许

+

水淀粉适量

+

食用油适量

做法

1. 豆腐切小块，咸蛋黄压扁再切碎，待用。
2. 热锅注油烧热，倒入咸蛋黄炒散，注水后加豆腐，炒匀。
3. 盖上盖，大火煮6分钟后加入盐、鸡粉，拌匀调味。
4. 加入水淀粉，翻炒勾芡，将菜肴盛出装入碗中。
5. 撒上备好的葱花，即可食用。

妈妈说

豆腐一般用黑豆、黄豆和花生豆等含蛋白质较高的豆类来制作，因此蛋白质含量丰富，且易于消化吸收。

Quail egg

鹌鹑蛋

动物中的人参，滋补食疗品

鹌鹑蛋又名鹑鸟蛋、鹌鹑卵。鹌鹑蛋被认为是“动物中的人参”，宜常食，为滋补食疗品。

食品成分表 【可食部100克】

能量	152千卡
水分	74.4克
蛋白质	11.6克
脂质	11.7克
碳水化合物	0克

鹌鹑蛋的选购和保存

优质鹌鹑蛋色泽鲜艳、壳硬，蛋黄呈深黄色，蛋白黏稠。生鹌鹑蛋常温可存放45天，熟鹌鹑蛋则只能放3天。

★★★

鹌鹑蛋烧牛腩

做法

1. 牛腩切块状，放入沸水中汆煮后捞出。
2. 热锅注油烧热，倒入八角、姜片、葱段，爆香，倒入牛腩，快速翻炒均匀。
3. 淋入料酒、生抽、清水，加鹌鹑蛋、盐、白糖，盖锅盖，煮开后转小火煮1小时。
4. 加老抽、鸡粉、水淀粉，装盘后放香菜。

材料

牛腩175克 + 熟鹌鹑蛋135克 + 香菜少许 + 八角少许 + 姜片少许 + 葱段少许 + 老抽3毫升
鸡粉2克 + 盐3克 + 白糖3克 + 生抽5毫升 + 料酒6毫升 + 食用油适量

瘦肉笋片鹌鹑蛋汤 ★★★

材料

卷心菜60克
+

大葱20克
+

鹌鹑蛋40克
+

香菇15克
+

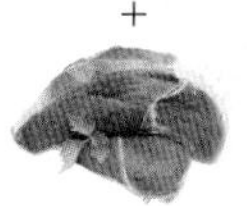

猪里脊肉80克
+
去皮冬笋20克
+
去皮胡萝卜20克
+
土豆水淀粉10毫升
+
盐3克
+
白胡椒粉3克
+
生抽5毫升
+
芝麻油5毫升

做法

1. 大葱切圈，冬笋切片，卷心菜切段，胡萝卜切丁，猪里脊肉切片，香菇去柄，切小块，待用。
2. 猪里脊肉、盐、白胡椒粉、土豆水淀粉装碗，腌渍5分钟。
3. 锅中注水烧开，倒入胡萝卜、香菇、冬笋、鹌鹑蛋、大葱，煮沸后加卷心菜、猪里脊肉，撇去浮沫，煮至里脊肉转色。
4. 加盐、白胡椒粉、生抽、芝麻油，充分拌匀后盛入碗中即可。

妈妈说

优质的猪里脊肉应该是色泽红润、肉质透明、质地紧密、富有弹性的。

part 4 水产鲜滋味

新鲜水产美味多，科学烹饪多滋味！翻开此章，草鱼、鲫鱼、海带、紫菜、螃蟹、扇贝、鱿鱼、基围虾八种常见水产，你可以找到你心中所想的水产，就能学到关于这个食材的保存、处理方法以及最佳的两种烹饪方式，从中你可以选择你所喜欢的菜，就能做出一桌美味可口的水产家常美味，让美味更简单！

狭义上，只有新鲜的海产食物才能称为海鲜。海鲜还能分为活海鲜、冷冻海鲜，两种海产品都含有丰富的营养物质，但是要注意处理方法，保证食品安全。

Grass carp

草鱼

有助骨骼发育，养颜美容功效

草鱼中含有磷和铜这两种矿物质以及蛋白质，对发育中的儿童很有帮助，可以强化骨骼、牙齿。对于患有心血管疾病、胃痛、高血压的患者，吃草鱼能够辅助改善症状。草鱼还含有丰富的硒元素，具有抗衰老、养颜及护肤的功效。草鱼的食疗效果非常广，但对于海鲜、鱼肉过敏的人应避免食用。

食品成分表 【可食部100克】

能量	91千卡
水分	77.3克
蛋白质	17.2克
脂质	2克
碳水化合物	0克
维生素A	11微克
磷	224毫克
钙	63毫克
钠	37毫克
镁	13毫克
铁	1.7毫克

草鱼的形态特征

草鱼身体延长，前部略呈圆筒状，腹部较圆，后部略扁，体侧呈青褐色，腹部为银白色，体长最长可达1.5米。

草鱼的烹调指导

草鱼烹调时，不用放味精就很鲜美。煮时火候不能太大，以免把鱼肉煮散。

茶树菇草鱼汤 ★★★

材料

水发茶树菇90克

+

草鱼肉200克

+

姜片少许

+

葱花少许

+

盐3克

+

鸡粉3克

+

胡椒粉2克

+

料酒5毫升

+

芝麻油3毫升

+

水淀粉4毫升

做法

1. 茶树菇切去老茎；草鱼肉切双飞片后装碗，加料酒、盐、鸡粉、胡椒粉、水淀粉、芝麻油，拌匀，腌渍10分钟。
2. 锅中注水烧开，放入切好的茶树菇，焯煮后捞出，沥干水分。
3. 另起锅，注水烧开后倒入茶树菇、姜片、芝麻油、盐、鸡粉、胡椒粉，大火煮至沸，放入鱼片，煮至鱼片变色。
4. 把煮好的汤料盛出，装入汤碗中，撒入葱花即可。

妈妈说

选购茶树菇，先看茶树菇的粗细、大小是否一致，如果大小不统一则意味着这些茶树菇不是一个生长期的，可能掺有陈菇。

黄金草鱼 ★★★★

材料

草鱼肉250克

+

豆豉20克

+

姜丝少许

+

葱末少许

+

花生仁200克

+

盐2克

+

鸡粉少许

+

胡椒粉少许

+

五香粉少许

+

生抽3毫升

+

料酒4毫升

做法

1. 草鱼肉切块装碗，加盐、料酒、胡椒粉、五香粉，腌渍10分钟。
2. 把花生仁倒入榨油机中，榨取花生油后过滤，放凉待用。
3. 煎盘高温加热，加花生油、鱼块，煎至两面呈金黄色，撒上豆豉、姜丝、葱末、鸡粉、生抽，再煎至食材熟透即可。

妈妈说

煎鱼时要注意：下锅时，要保持鱼身一定要干，煎锅温度要高，油要放得比平常炒菜多一点。

Crucian

鲫鱼

提高免疫力，改善女性贫血

鲫鱼肉质细嫩，其中含有大量蛋白质，脂肪较少，具有维持人体内钾钠平衡的作用，对于消除水肿、提升身体免疫力、降低血压、舒缓贫血症状等都有一定的食疗效用。产后妇女如果有乳汁分泌不足的情况，食用鲫鱼也有生乳及通乳汁的作用，还能改善产后妇女气血不足，补充产后所需营养。

食品成分表 【可食部100克】

能量	108千卡
水分	75.4克
蛋白质	17.1克
脂质	2.7克
碳水化合物	3.8克
维生素A	17微克
磷	193毫克
钙	79毫克
钠	41.2毫克
镁	41毫克
铁	1.3毫克

鲫鱼的形态特征

鲫鱼头短，呈弧形，腹部为圆形，吻圆钝，体背呈银灰色，腹部为银白带黄，其余各鳍为灰白色。

鲫鱼的烹调指导

鲫鱼红烧、干烧、清蒸、汆汤均可，但以汆汤最为普遍。冬令时节食用鲫鱼是最佳的。

鲫鱼豆腐汤 ★★★★★

材料

鲫鱼200克
+

豆腐100克
+

葱花少许
+

葱段少许
+

姜片少许
+

盐2克
+

鸡粉2克
+
胡椒粉2克
+
料酒10毫升
+
食用油适量

做法

1. 豆腐切小块；鲫鱼两面打上一字花刀，后稍煎一下。
2. 放上姜片、葱段，爆香，加料酒、适量的清水、豆腐块，翻炒。
3. 大火煮开后转小火煮8分钟后揭盖，加盐、鸡粉、胡椒粉，拌匀。
4. 关火后将煮好的汤盛入碗中，撒上备好的葱花即可。

妈妈说

鲫鱼豆腐汤做法简单，经常喝可以活血活络、调理胃虚，秋季食用还可以清火气、调理气虚。

酥小鲫鱼 ★★★

材料

鲫鱼400克
+

花椒2克
+

桂皮3克
+
丁香2克
+
花椒2克
+
葱段3克
+
姜片3克
+
香菜3克
+
八角适量
+
料酒4毫升
+
生抽6毫升
+
盐3克
+
白糖3克
+
陈醋4毫升
+
白醋3毫升
+
食用油适量

做法

1. 鲫鱼两面斜刀划一字花刀，加料酒、白醋、盐，抹匀腌10分钟。
2. 热锅中注油，烧至七成热，鲫鱼炸至酥脆后捞出，沥干油。
3. 热锅注油烧热，倒入八角、花椒、桂皮、丁香，爆香。
4. 倒入葱段、姜片、料酒、生抽、清水、鲫鱼、盐、白糖、陈醋，拌匀，盖上锅盖，转小火焖1小时后加鸡粉，搅拌调味。
5. 将鲫鱼捞出装入盘中，浇上汁，撒上香菜即可。

妈妈说

花椒麻不麻一般从外表就能看出来，表皮疙瘩越多的花椒就越麻越香。

Kelp

海带

稳定血压、改善血脂

海带，是一种在低温海水中生长的大型海生褐藻植物，属海藻类植物，可以适用于拌、烧、炖、焖等烹饪方法。

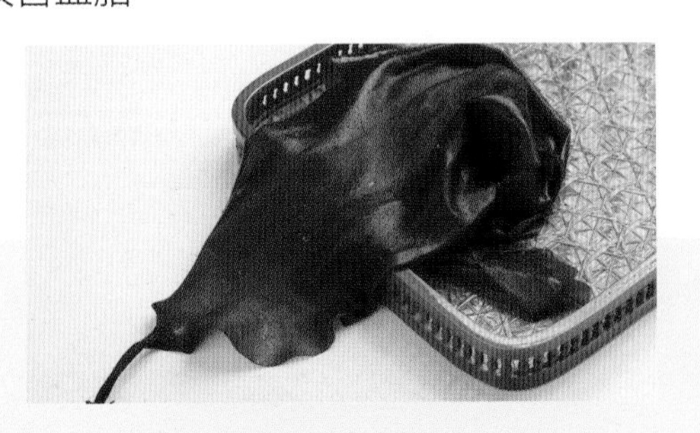

食品成分表 【可食部100克】

能量	16千卡
水分	95克
蛋白质	0.7克
脂质	0.2克
碳水化合物	3.3克

海带的选购

适宜挑选颜色深绿的最新鲜，那些有杂质、焦褐变色或是周围有黄白情形的，都是不够新鲜的海带。

★★★

蒜泥海带丝

做法

1. 锅中注水烧开，焯煮海带丝后捞出。
2. 取大碗，放入海带丝、胡萝卜丝、蒜末。
3. 加盐、生抽、蚝油、陈醋，拌匀。
4. 另取一个盘子，盛入拌好的菜肴，撒上熟白芝麻即成。

材料

水发海带丝240克 + 葫萝卜45克 + 熟白芝麻少许 + 蒜末少许 + 生抽4毫升 + 陈醋6毫升 + 蚝油12克

乌鸡海带 ★★★★

材料

乌鸡块200克

+

水发海带95克

+

木瓜80克

+

党参2根

+

盐1克

+

鸡粉1克

做法

1. 海带切块，木瓜切块，乌鸡块汆烫2分钟后捞出。
2. 砂锅注水烧热，放入党参、乌鸡块，煮开后转小火煮30分钟。
3. 揭盖，放入木瓜、海带，续煮30分钟至食材熟软、汤水入味。
4. 揭盖，加入盐、鸡粉搅匀调味，关火后盛出即可。

妈妈说

党参呈长圆柱形，稍弯曲，味黄白色至黄棕色或灰棕色，有特殊香气，以条粗状、质柔润、气味浓者为佳。

Porphyra

紫菜

降低胆固醇、防止动脉硬化

紫菜是在海中互生藻类的统称，红藻纲，红毛菜科。藻体呈膜状，称为叶状体。紫色或褐绿色。

食品成分表 【可食部100克】

能量	229千卡
水分	15.6克
蛋白质	27.1克
碳水化合物	40.5克
钾	3054毫克

紫菜的选购和保存

完好无洞，颜色呈乌紫或乌黑，薄而有光泽，质地脆爽而润泽。紫菜应装袋密封置于低温干燥处保存。

★★★

紫菜虾米猪骨汤

做法

1. 锅注水烧开，加料酒，汆煮猪骨后捞出。
2. 砂锅注水烧开，放姜片、猪骨、虾米、料酒，盖上盖，烧开后转小火煮40分钟。
3. 加紫菜，续煮20分钟，加盐、鸡粉搅拌。
4. 关火后将煮好的汤料盛出，装入碗中，撒上葱花即可。

材料

猪骨400克 + 虾米20克 + 紫菜少许 + 姜片少许 + 葱花少许 + 料酒10毫升 + 盐2克 + 鸡粉2

紫菜包饭 ★★★★

材料

寿司紫菜1张
+

黄瓜120克
+

胡萝卜100克
+

鸡蛋1个
+

酸萝卜90克
+

糯米饭300克
+

鸡粉2克
+
盐5克
+
寿司醋4毫升

做法

1. 蛋打入碗中，加盐打散后倒入注油烧热的锅，摊成蛋皮后切条。
2. 锅注水烧开，放入鸡粉、盐、油、胡萝卜、黄瓜，焯煮后捞出。
3. 将糯米饭倒入碗中，加入寿司醋、盐，搅拌匀。
4. 取竹帘，放上寿司紫菜，将米饭均匀地铺在紫菜上，压平。
5. 分别放上胡萝卜、黄瓜、酸萝卜、蛋皮，卷起竹帘，压成紫菜包饭，切成大小一致的段，装盘即可。

妈妈说

紫菜包饭中的馅料除了胡萝卜、黄瓜外，还可以根据个人爱好来添加，如火腿、杏仁、玉米等。

Crab

螃蟹

肉质鲜甜，蛋白质含量高

螃蟹富含蛋白质，有高胆固醇、高嘌呤，痛风患者食用时应自我节制，患有感冒、肝炎、心血管疾病的人不宜食蟹。中国有中秋前后食用河蟹的传统，由于传统上中医认为蟹性寒，故常用姜茸、紫苏等配置食蟹使用的调料。蟹中含有较多的维生素A，对皮肤的角化有帮助。螃蟹还有抗结核作用，吃蟹对结核病的康复大有补益。

食品成分表 【可食部100克】

能量	62千卡
水分	84.4克
蛋白质	11.6克
脂质	1.2克
碳水化合物	1.1克
胆固醇	65毫克
磷	159毫克
钙	231毫克
钠	270毫克
镁	41毫克
铁	1.8毫克

螃蟹的选购

壳背呈黑绿色，带有亮光的为肉厚壮实；肚脐凸出来的膏肥脂满；螃蟹翻转后腹部朝天，能迅速用螯足弹转翻回的，活力强，可保存。

螃蟹的清洗

浸泡10分钟左右，用牙刷清洗。凶猛的螃蟹可先向下压几下钳子或敲打几下打开腹盖，在中间从里向外挤出排泄物。

美味酱爆蟹 ★★★★

做法

1. 螃蟹剥开壳，去除蟹腮，切成块。
2. 热锅注油烧热，倒入姜片、黄豆酱、干辣椒，爆香。
3. 倒入螃蟹、料酒，炒匀去腥。注水、加盐，炒匀，大火焖3分钟。
4. 掀开锅盖，倒入葱段，翻炒均匀，加入白糖，翻炒后装盘即可。

妈妈说

螃蟹的种类繁多，常见的螃蟹有大闸蟹（河蟹、毛蟹、清水蟹）、梭子蟹等。

材料

螃蟹600克
+

干辣椒5克
+

葱段少许
+

姜片少许
+

黄豆酱15克
+

料酒8毫升
+

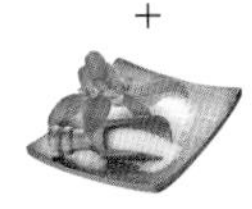

白糖2克
+
盐适量
+
食用油适量

清蒸螃蟹 ★★★★

材料

螃蟹3只

+

蒜末5克

+

姜末5克

+

白醋适量

做法

1. 电蒸锅注水烧热，放入处理好的螃蟹，盖上盖，蒸10分钟。
2. 碗中放入蒜末、姜末、白醋，拌匀，制成汁待用。
3. 揭开电蒸锅锅盖，取出螃蟹。
4. 将调好的汁摆在螃蟹边上，蘸食即可。

妈妈说

农历九月前后，雌蟹性腺成熟，肉丰满，而农历十月之后，雄蟹性腺成熟，肉丰满，因此要懂得适时食用。

Scallop

扇贝

抑制体内的胆固醇合成

扇贝又名海扇，其肉质鲜美，营养丰富，它的闭壳肌干制后即是“干贝”，被列入八珍之一。扇贝肉质鲜嫩，滋味鲜甜，且少腥味，适合制作成各种料理。扇贝肉质中含有一种物质，能够抑制人体体内的胆固醇合成，也能促进已经形成的胆固醇排出体外，进而使血液中的胆固醇数值下降。扇贝肉吃起来充满嚼劲，每一口都富含鲜美的海味。

食品成分表 【可食部100克】

能量	70千卡
水分	84.2克
蛋白质	13.7克
脂质	1.22克
碳水化合物	2.6克
胆固醇	140毫克
磷	132毫克
钙	37毫克
钠	283毫克
镁	39毫克
铁	7.2毫克

扇贝的选购

如果扇贝的表壳较平滑，可能是离开海水太久了，要注意它的新鲜度。扇贝表壳摸起来要没有黏腻感才是新鲜的。

扇贝的烹调方式

扇贝通常的处理方式是通过黄油煎制，或者裹上面包粉一起炸。冷冻的扇贝必须要在解冻之前烹制，烹制时间不宜过长（通常3~4分钟）。

豆腐白玉菇扇贝汤 ★★★

材料

小块豆腐30克
+

白玉菇段30克
+

扇贝40克
+

姜片少许
+

葱花少许
+

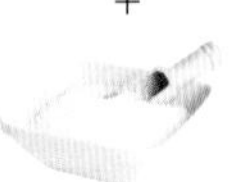

盐2克
+

鸡粉2克
+
胡椒粉适量
+
食用油适量

做法

1. 锅中注水烧开，放入豆腐煮2分钟后捞出。
2. 另起锅注水烧开，依次倒入白玉菇、扇贝、姜片、豆腐，搅匀。
3. 加入适量的食用油，盖上锅盖，煮5分钟至食材熟透。
4. 揭开锅盖，加入鸡粉、胡椒粉、盐后盛出，撒上葱花即可。

妈妈说

白玉菇通体洁白，晶莹剔透，菇体脆嫩鲜滑、清甜可口，具有镇痛、镇静、止咳化痰、通便排毒的功效。

蒜香粉丝蒸扇贝 ★★★★★

材料

净扇贝180克

+

水发粉丝120克

+

蒜末10克

+

葱花5克

+

剁椒酱20克

+

盐3克

+

料酒8毫升

+

蒸鱼豉油10毫升

+

食用油适量

做法

1. 粉丝切段；扇贝肉放碗中，加入料酒、盐，腌渍5分钟。
2. 取蒸盘，放入扇贝壳，倒入粉丝和扇贝肉，撒上剁椒酱，待用。
3. 用油起锅，撒上蒜末，爆香后浇在扇贝肉上。
4. 备好电蒸锅，烧开水后放入蒸盘，蒸8分钟后取出蒸盘。
5. 趁热浇上蒸鱼豉油，点缀上葱花即可。

妈妈说

大蒜具有很强的抗菌消炎作用，能够排毒清肠、预防肠胃疾病、预防感冒等。

Sleeve-fish

鱿鱼

美味又低卡，还能抗衰老

鱿鱼的营养价值非常高，其富含蛋白质、钙、牛磺酸、磷、维生素B_1等多种人体所需的营养成分，且含量极高。此外，脂肪含量极低，胆固醇含量较高。鱿鱼性质寒凉，脾胃虚寒的人也应少吃。鱿鱼是发物，患有湿疹、荨麻疹等疾病的人忌食，高血脂、高胆固醇血症、动脉硬化等心血管病及肝病患者也应慎食。

食品成分表 【可食部100克】

能量	50.25千卡
水分	81.4克
蛋白质	11.28克
脂质	0.23克
碳水化合物	0克
维生素A	16微克
磷	60毫克
钙	30.84毫克
钠	239.08毫克
镁	61毫克
铁	0.5毫克

鱿鱼的选购

新鲜鱿鱼选择体腔圆滚、外层皮膜完整，且肉质具弹性光泽的比较好。干鱿鱼应该要挑选表面有覆盖白色海水结晶的为佳。

鱿鱼的保存

新鲜鱿鱼保存前要将内脏、软骨、皮膜全部除掉，接着用清水洗净后，再以厨房纸巾将表面水分擦干，最后包上保鲜膜，放入冰箱冷冻即可。

酱香鱿鱼须 ★★★★★

材料

鱿鱼700克

+

葱段少许

+

姜丝少许

+

甜面酱15克

+

盐1克

+

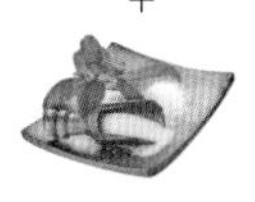

白糖2克

+

孜然粉2克

+

生抽5毫升

+

料酒8毫升

+

食用油适量

做法

1. 鱿鱼切段，倒入沸水锅中，汆煮后捞出，沥干水分后装碗。
2. 加入姜丝、葱段、甜面酱、料酒、盐、白糖、孜然粉，腌渍30分钟后，倒入烧热的锅中。
3. 炒至水分蒸发，注入适量食用油、料酒、生抽，炒至入味。
4. 关火后盛出炒好的鱿鱼，装盘即可。

妈妈说

鱿鱼须炒制前先焯水，这样在炒制的时候，就会少出水，口感会更好。

鱿鱼茶树菇 ★★★

材料

鱿鱼100克
+

茶树菇90克
+

姜片少许
+

蒜末少许
+

葱段少许
+

盐1克
+

鸡粉1克
+
料酒5毫升
+
水淀粉5毫升
+
食用油适量

做法

1. 鱿鱼两面切十字花刀且不切断，再切块。茶树菇切成两段。
2. 沸水锅中倒入鱿鱼，氽烫至鱿鱼变卷后捞出，沥干水分。
3. 锅中继续倒入切好的茶树菇，氽烫后捞出，沥干水分。
4. 用油起锅，倒入姜片、蒜末、鱿鱼、茶树菇、料酒、盐、鸡粉，炒匀调味，用水淀粉勾芡，倒入葱段，翻炒至收汁后装盘即可。

妈妈说

鱿鱼和茶树菇本身都非常鲜，因此炒制的时候不需要添加味精，但湿疹、荨麻疹等疾病的患者不宜食用。

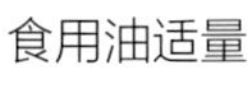

Metapenaeus ensis

基围虾

催乳、壮阳的特效食材

基围虾营养丰富，其肉质松软，易消化，对身体虚弱以及病后需要调养的人是极好的食物；虾中含有丰富的镁，能很好地保护心血管系统，可减少血液中胆固醇含量，防止动脉硬化，同时还能扩张冠状动脉，有利于预防高血压及心肌梗死。虾肉还有补肾壮阳、通乳抗毒、养血固精、化瘀解毒、益气滋阳、通络止痛、开胃化痰等功效。

食品成分表 【可食部100克】

能量	101千卡
水分	75.2克
蛋白质	18.2克
脂质	1.4克
碳水化合物	3.9克
胆固醇	181毫克
磷	139毫克
钙	83毫克
钠	172毫克
镁	45毫克
铁	2.0毫克

基围虾的选购

活虾最好选沉在池底的、身体呈透明感、虾壳光亮的。冰鲜的要挑选虾头青色、肚子白色、虾背透明、虾体完整、甲壳密集的。

基围虾的清洗

先剪去虾头、虾尾和胸鳍，然后去除虾线，再用手挤压虾尾，把虾尾的消化残渣挤干净后，漂洗干净即可。

白灼虾 ★★★★★

材料

鲜虾250克

+

香葱1根

+

姜片5克

+

盐2克

+

料酒5毫升

+

生抽5毫升

做法

1. 锅中注水烧开，放入姜片、香葱、料酒，煮约2分钟成姜葱水。
2. 加入盐、鲜虾，煮约2分钟至虾转色熟透。
3. 关火后捞出煮熟的虾，泡入凉水中浸泡一会儿以降温。
4. 将虾围盘摆好，中间放上生抽，食用时随个人喜好蘸取即可。

妈妈说

白灼是指将原滋原味的鲜虾直接放进水里煮食，为的是保持其鲜、甜、嫩的原味，然后将虾剥壳蘸酱汁食用。

咸香基围虾串 ★★★

材料

基围虾500克

+

粤式白卤水1000毫升

+

竹签适量

做法

1. 用竹签将处理好的基围虾穿成串，待用。
2. 将白卤水倒入锅中，开大火煮沸。
3. 将虾串放入锅中，用大火煮至熟。
4. 关火后将煮好的虾串取出装入盘中，浇上白卤水即可。

妈妈说

粤式白卤水的原料包括净老母鸡、鲜汤、陈皮、八角、桂皮、草果、沙姜、丁香、甘草、冰糖、盐、味精、白酒、绍酒。

part 5 菌菇味至美

尊重食物就是尊重生活，本章介绍了各种常见菌菇的最佳烹饪方式。简单的食材，平淡的日子，不正是人和食物关系的美妙境界吗？无论你是入门级“吃货”，还是超级主妇，都能在这里找到你的“最爱家常菜”。低成本，也可以有高级的味道，只要你找到了食材的最佳烹调、处理方法！

菌菇类食物富含B族维生素，能够促进代谢、消除疲劳，对于不吃奶、蛋的素食者可以从菇类摄取维生素B_2。

Tremella

银耳

清除内热、滋阴养身的好食材

银耳味甘、淡，性平，无毒，既有补脾开胃的功效，又有益气清肠、滋阴润肺的作用，既能增强人体免疫力，又可增强肿瘤患者对放、化疗的耐受力。银耳富有天然植物性胶质，具有滋阴的作用，是可以长期服用的良好润肤食品。银耳含有丰富的膳食纤维，能够降低血液中的胆固醇，稳定血糖。

食品成分表 【可食部100克】

能量	49千卡
水分	87克
蛋白质	0.1克
脂质	0.1克
碳水化合物	12克
胡萝卜素	50微克
磷	6.0毫克
钙	36毫克
钠	7.0毫克
镁	54毫克
铁	0.5毫克

银耳的选购

优质的银耳是呈乳白色或米黄色，若呈黄色，一般都是下雨时采摘或受潮后烘干的。

银耳的清洗和保存

银耳应先清洗干净后再泡水。银耳要放在通风、透气、干燥、凉爽的地方，避免阳光长时间的照射。

红薯莲子银耳汤 ★★★★★

材料

红薯130克

+

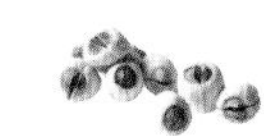

水发莲子150克

+

水发银耳200克

+

清水适量

+

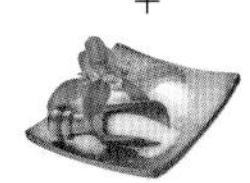

白糖适量

做法

1. 银耳去根部，撕成小朵。红薯切丁。
2. 砂锅注水烧开，倒入莲子、银耳，烧开后改小火煮30分钟。
3. 揭盖，倒入红薯丁，拌匀，再盖盖，小火续煮15分钟。
4. 揭盖，加入少许白糖，拌匀，转中火，煮至溶化后装碗即可。

妈妈说

天然的、上好的莲子带有淡淡的黄色，闻起来有莲子本身的淡香味。

凉拌银耳 ★★★

材料

水发银耳130克

+

香菜30克

+

生抽4毫升

+

鸡粉2克

+

芝麻油3毫升

做法

1. 泡发好的银耳切去根部，撕成小朵。
2. 锅中注水烧开，倒入银耳，大火煮5分钟后捞出，沥干水分。
3. 银耳装碗，放入生抽、鸡粉、芝麻油、香菜，搅拌片刻。
4. 将拌好的银耳装入盘中，即可食用。

妈妈说

银耳在制干的过程中，其表面的天然荧光剂还有部分存留，因此不能直接泡发好就吃，需要焯煮。

Mushroom

香菇

防癌、抑制癌细胞病变

香菇素有“山珍之王”之称，是高蛋白、低脂肪的营养保健食品。香菇中麦角甾醇的含量很高，对防治佝偻病有效；香菇多糖（β-1,3-葡聚糖）能增强细胞免疫能力，从而抑制癌细胞的生长；香菇含有六大酶类的40多种酶，可以纠正人体酶缺乏症；香菇中的脂肪所含脂肪酸，对人体降低血脂有益。

食品成分表【可食部100克】

能量	40千卡
水分	89克
蛋白质	3.4克
脂质	0.4克
碳水化合物	7.0克
膳食纤维	3.3克
磷	86毫克
钙	2.0毫克
钠	2.0毫克
镁	11毫克
铁	0.6毫克

香菇的选购

生鲜香菇讲究菇伞要厚，菇柄要短，表面有光泽，新鲜没有异味即可。干香菇则要选择茶色又大的为佳。

香菇的清洗和保存

初步清洗的菇类撒上少许精盐，用手轻揉几下后冲洗即可。新鲜香菇可直接放进冰箱冷藏保鲜，而干香菇则置于通风干燥处即可。

烤香菇 ★★★

材料

香菇120克

+

蒜末少许

+

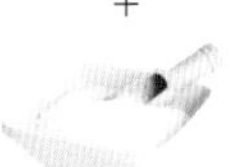

盐1克

+

黑胡椒粉5克

+

食用油适量

做法

1. 洗好的香菇切十字花刀，上面放蒜末，用刷子给香菇沾上食用油，撒上盐、黑胡椒粉。
2. 放入烤箱，上火温度调至220℃，选择“双管发热”功能，再将下火温度调至220℃，烤15分钟至熟透入味。
3. 将烤好的香菇装盘即可。

妈妈说

给香菇切十字花刀的时候，下刀别太深，切到香菇伞盖儿厚度的1/3或一半就行了。

扇贝香菇汤 ★★★★

材料

蟹味菇70克

+

小扇贝8个

+

胡萝卜90克

+

白洋葱100克

+

面粉20克

+

牛奶100毫升

+

清水200毫升

+

奶油35克

+

椰子油少许

+

香叶少许

+

罗勒粉少许

+

白胡椒粉适量

+

盐适量

做法

1. 蟹味菇去根部，用手掰散。白洋葱切丁。胡萝卜切丁。
2. 扇贝切开壳，将肉取出，去内脏，装入碗中清洗片刻。
3. 热锅倒入椰子油烧热，放入扇贝肉、胡萝卜、香叶，翻炒片刻。
4. 放入面粉，炒散，加盐、白胡椒粉、清水、牛奶、奶油，煮沸。
5. 加蟹味菇、洋葱丁，小火焖煮10分钟后装碗，撒上罗勒粉即可。

妈妈说

加入面粉可以使得汤品比较浓稠，口感比较丰富；加入奶油则能够使汤品更加香浓。

Oyster mushroom

平菇

氨基酸成分齐全，矿物质含量丰富

平菇含丰富的营养物质，每百克干品含蛋白质20～23克，而且氨基酸成分种类齐全，矿物质含量十分丰富。中医认为平菇性温、味甘，具有驱风散寒、舒筋活络的功效，可用于治腰腿疼痛、手足麻木、筋络不通等病症。平菇中的蛋白多糖体对癌细胞有很强的抑制作用，能增强机体免疫功能。

食品成分表 【可食部100克】

能量	24千卡
水分	92.5克
蛋白质	1.9克
脂质	0.3克
碳水化合物	4.6克
胡萝卜素	10微克
磷	86毫克
钙	5.0毫克
钠	3.8毫克
镁	14毫克
铁	1.0毫克

平菇的选购

平菇中不应该含有太多水分，表面要结构完整，闻起来没有发酸的味道，背面褶皱明显，表面没有裂开的，这才是好平菇。

平菇的清洗

把平菇掰成小朵，放在水盆里，在水盆中接满水，用双手把它们都按进水里，浸泡10秒钟，不断搅拌使附着其上的杂质被水流带出。

平菇豆腐开胃汤 ★★★★

材料

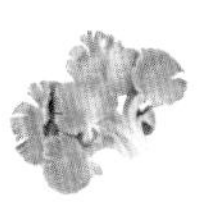

平菇片200克

+

豆腐块180克

+

姜片少许

+

葱花少许

+

盐2克

+

鸡粉2克

+

料酒少许

+

食用油少许

做法

1. 锅中注入适量食用油，烧至六成热，放入姜片，爆香。
2. 倒入平菇、料酒、适量清水，盖上盖，煮约2分钟至沸腾。
3. 揭开盖，倒入豆腐，拌匀，续煮约5分钟至食材熟透。
4. 揭开盖，加入盐、鸡粉，拌匀调味后装碗，撒上葱花即可。

妈妈说

优质的豆腐块呈均匀的乳白色或淡黄色，稍有光泽，用手轻轻按压，富有弹性，软硬适度。

莴笋平菇肉片 ★★★★★

材料

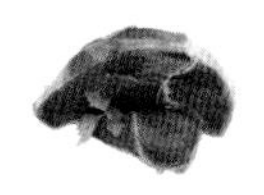

猪里脊肉150克

+

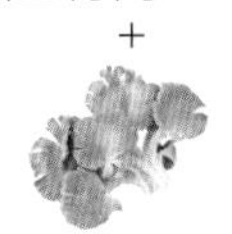

平菇100克

+

莴笋200克

+

红彩椒40克

+

黄彩椒45克

+

姜片少许

+

蒜片少许

+

葱段少许

+

盐3克

+

鸡粉3克

+

水淀粉10毫升

+

葵花籽油适量

做法

1. 红、黄彩椒切块，莴笋切片，平菇去根后撕小块，里脊肉切片。
2. 肉片和盐、料酒、胡椒粉、水淀粉、葵花籽油拌匀腌10分钟。
3. 锅注水烧开，放盐、油、莴笋、彩椒、平菇，焯煮后捞出。
4. 热锅注油，放入肉片、姜片、蒜片、葱段、料酒、平菇、莴笋、彩椒、盐、鸡粉、水淀粉，炒匀勾芡后盛出即可。

妈妈说

这道菜肴色彩丰富，能够增进食欲。多样的食材搭配，尤其适合食欲不佳的孩子食用。

Volvaria volvacea

草菇

强效提升人体免疫力

草菇营养丰富，味道鲜美，含丰富的蛋白质和18种氨基酸，还含有磷、钾、钙等多种矿质元素。草菇性寒，味甘、微咸，无毒，能消食祛热、补脾益气、清暑热、滋阴壮阳、增加乳汁、防止坏血病、促进创伤愈合、护肝健胃、增强人体免疫力，是优良的食药兼用型的营养保健食品。

食品成分表 【可食部100克】

能量	34千卡
水分	89.3克
蛋白质	3.8克
脂质	0.4克
碳水化合物	5.4克
膳食纤维	1.6克
磷	33毫克
钙	4.0毫克
钠	73毫克
镁	21毫克
铁	1.5毫克

草菇的选购

选购时应以菇体肥厚、菇伞未展开者为佳。若菇伞已开，则应尽早煮食，不宜放置太久。

草菇保存

草菇极不耐贮存，若市场买回来后暂放冰箱中，塑胶袋应打开使其透气，否则极容易开伞。

草菇扒芥菜 ★★

材料

芥菜300克
+

草菇200克
+

胡萝卜片30克
+

蒜片少许
+

盐2克
+

鸡粉1克
+

生抽5毫升
+
水淀粉适量
+
芝麻油适量
+
食用油适量

做法

1. 草菇切十字花刀，第二刀切开。芥菜去菜叶，菜梗切块。
2. 草菇放入沸水锅煮后捞出。再倒入芥菜、盐、油，氽煮后捞出。
3. 另起锅注油，倒入蒜片爆香，放入胡萝卜片、生抽、清水、草菇，翻炒均匀。
4. 加入盐、鸡粉炒匀后，加盖中火焖5分钟，水淀粉勾芡，淋入芝麻油，炒匀至收汁，盛出放在芥菜上即可。

妈妈说

草菇有鼠灰（褐）色和白色两种，均具有消食祛热、补脾益气、清暑热的功效。

草菇炒牛肉 ★★★★

材料

草菇300克
+

牛肉200克
+

洋葱40克
+

红彩椒30克
+

姜片少许
+
盐2克
+
鸡粉1克
+
胡椒粉1克
+
蚝油5克
+
生抽5毫升
+
料酒5毫升
+
水淀粉5毫升
+
食用油适量

做法

1. 洋葱切块；红彩椒去籽切块；草菇切十字花刀，第二刀切开。
2. 牛肉切片装碗，加油、盐、料酒、胡椒粉、水淀粉，腌10分钟。
3. 草菇放入沸水锅中汆煮后捞出。再倒入牛肉，汆煮后捞出。
4. 另起锅注油，倒入姜片，爆香，放入洋葱、红彩椒、牛肉、草菇、生抽、蚝油。
5. 将食材炒约1分钟，加清水、盐、鸡粉、水淀粉勾芡，翻炒即可。

妈妈说

彩椒富含多种维生素和微量元素，具有消暑、补血、消除疲劳、预防感冒等功效。

Cultivated mushroom

口蘑

富含食物纤维、脂肪代谢率高

口蘑所含的蘑菇多糖和异蛋白具有一定的抗癌活性，可抑制肿瘤的发生；所含的酪氨酸酶能溶解一定的胆固醇，能降低血压。

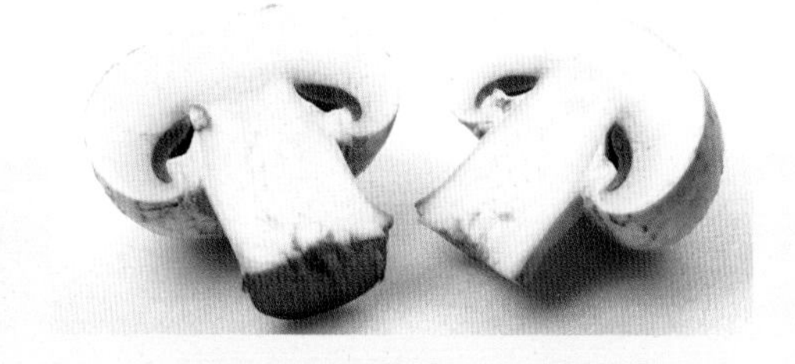

食品成分表 【可食部100克】

能量	27千卡
水分	91.4克
蛋白质	3.5克
脂质	0.4克
碳水化合物	3.8克

口蘑的选购和保存

口蘑的菌膜未破裂，菇面呈白色、略带褐色斑点才是良品。口蘑应避免放置于高温环境。

★★★

口蘑香菇粥

做法

1. 口蘑切块，香菇去蒂切丁。
2. 用油起锅，倒入鸡肉末、料酒、盐、鸡粉、生抽、水淀粉勾芡，翻炒后装盘。
3. 砂锅注水烧热，倒入大米，烧开后用小火煮30分钟后倒入香菇、口蘑，小火煮15分钟，加盐、鸡粉后撒上葱花即可。

材料

  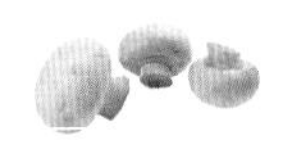    

鲜香菇40克 + 鸡肉末75克 + 口蘑60克 + 水发大米160克 + 葱花少许 + 盐2克 + 鸡粉2克 + 料酒4毫升 + 生抽3毫升 + 食用油适量

蒜苗炒口蘑 ★★★★

材料

口蘑250克

+

蒜苗2根

+

朝天椒圈15克

+

姜片少许

+

盐1克

+

鸡粉1克

+

蚝油5克

+

生抽5毫升

+

水淀粉适量

+

食用油适量

做法

1. 口蘑切厚片。蒜苗斜刀切段。
2. 锅中注水烧开，倒入口蘑，汆煮后捞出。
3. 另起锅注油，倒入姜片、朝天椒圈，爆香。
4. 倒入口蘑、生抽、蚝油、清水、盐、鸡粉、蒜苗、水淀粉翻炒后装盘即可。

妈妈说

蒜苗含有丰富的维生素C、蛋白质、胡萝卜素等营养成分，具有预防流感、消积食的功效。

Jew's ear

黑木耳

促进肠胃蠕动的低热量食材

黑木耳为木耳科植物，其性平味甘，归胃、大肠经，具有滋补、润燥、养血益胃、活血止血、润肺、润肠的作用。黑木耳是一种营养丰富的食用菌，又是我国传统的保健食品和出口商品。黑木耳具有一定的吸附能力，对人体有清涤胃肠和消化纤维素的作用。因此，它又是纺织工人、矿山工人和理发师所不可缺少的一种保健食品。

食品成分表 【可食部100克】

能量	35千卡
水分	91克
蛋白质	0.9克
脂质	0.3克
碳水化合物	7.7克
胡萝卜素	100微克
磷	17毫克
钙	247毫克
钠	28毫克
镁	152毫克
铁	1.1毫克

黑木耳的选购

鲜品黑木耳要选择肉厚形体大、越重越好、没有异味者为佳。干品黑木耳则以肉厚、无杂质、完整无缺者为佳。

黑木耳的清洗和保存

新鲜黑木耳直接用清水冲洗即可，干燥黑木耳要用冷水泡发再洗净。黑木耳要放在通风透气、干燥凉爽的地方，避免阳光长时间照射。

五花肉炒黑木耳 ★★★

材料

五花肉350克
+

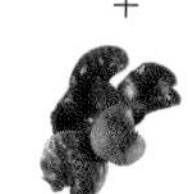

水发黑木耳200克
+

红彩椒40克
+

香芹55克
+

豆瓣酱35克
+

蒜块少许
+
葱段少许
+
盐1克
+
鸡粉1克
+
生抽5毫升
+
水淀粉5毫升
+
食用油适量

做法

1. 香芹切小段，红彩椒切滚刀块，五花肉切薄片。
2. 热锅注油，倒入五花肉，煎炒2分钟至油脂析出。
3. 倒入蒜块、葱段、豆瓣酱、黑木耳、生抽、红彩椒、香芹翻炒。
4. 加入盐、鸡粉，炒匀至入味，用水淀粉勾芡，翻炒至收汁即可。

妈妈说

黑木耳含有丰富的膳食纤维，经常食用能够防治便秘、清理肠胃，对防癌抗癌也有良好的功效。

核桃黑木耳沙拉 ★★

材料

核桃20克

+

木耳40克

+

芦笋50克

+

西生菜30克

+

葡萄干30克

+

橄榄油2大勺

+

乌醋1大勺

+

柠檬汁1大勺

+

蜂蜜1/2大勺

+

盐3克

+

黑胡椒2克

做法

1. 芦笋掰小段。西生菜撕小块。核桃仁对半掰开。
2. 锅中注水烧开，倒入木耳，焯煮后捞出。再焯煮芦笋后捞出。
3. 取小碗，倒入乌醋、柠檬汁、橄榄油、蜂蜜、黑胡椒、盐，拌匀，制成橄榄油乌醋酱。
4. 备好玻璃罐，倒入制好的橄榄油乌醋酱、木耳、芦笋、核桃仁、葡萄干、西生菜即可。

妈妈说

核桃上的花纹多且浅，一定是不错的核桃，因为 花纹在核桃生长过程中为核桃输送养料，花纹越多，核桃吸收的越多。

Needle mushroom

金针菇

具有安眠的特殊疗效

金针菇氨基酸的含量非常丰富，高于一般菇类，尤其是赖氨酸的含量特别高，赖氨酸具有促进儿童智力发育的功能。金针菇内所含的一种物质具有很好的抗癌作用。金针菇既是一种美味食品，又是较好的保健食品。常食金针菇还能降胆固醇，预防肝脏疾病和肠胃道溃疡，增强机体正气，防病健身。

食品成分表 【可食部100克】

能量	22千卡
水分	88.6克
蛋白质	2.7克
脂质	0.3克
碳水化合物	7.6克
胡萝卜素	30微克
磷	97毫克
钙	0.1毫克
钠	4.3毫克
镁	17毫克
铁	1.1毫克

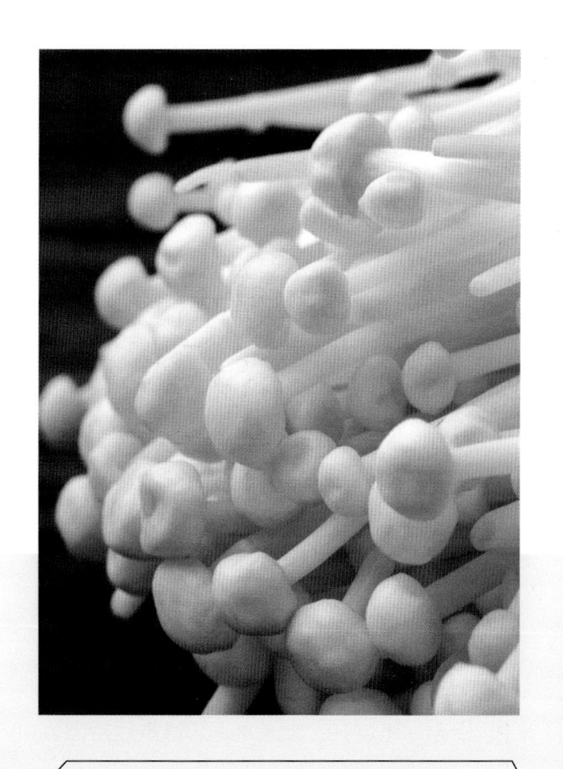

金针菇的选购

优质的金针菇的颜色应该是淡黄色至黄褐色，菌盖中央较边缘稍深，菌柄上浅下深，颜色特别均匀，有清香的味道。

金针菇的清洗和保存

金针菇用水冲洗菌褶内的木屑或砂粒后，马上滤干，或者用干布、纸巾吸干水分，放在保鲜盒内放进冰箱冷藏。

辣烤锡纸金针菇 ★★★★

材料

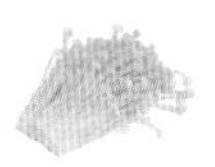

金针菇200克
+

蚝油10克
+

烧烤料7克
+

老干妈辣酱10克
+

甜辣酱2克
+

朝天椒7克
+

蒜末10克
+

食用油适量

做法

1. 朝天椒切碎放入碗中，加蒜末、烧烤料、甜辣酱、老干妈辣酱、蚝油、食用油，搅拌匀，制成酱料。
2. 将锡纸铺在烤盘上，用手将金针菇撕开放在烤盘上，浇上酱料。
3. 放入烤盘。温度调为180℃，上下火加热10分钟后取出即可。

妈妈说

选购朝天椒应该选择色泽鲜艳、有光泽、表皮光滑、没有虫蛀、没有破损的。

茄汁金针菇面筋斋 ★★

材料

番茄230克

+

金针菇230克

+

面筋20克

+

油豆腐45克

+

香菜3克

+

盐3克

+

黑胡椒3克

+

芝麻油适量

+

食用油适量

做法

1. 金针菇去根部，撕散。番茄细细切碎，待用。
2. 热锅注油烧热，倒入番茄、清水、油豆腐、面筋，加盖，焖5分钟后搅拌片刻。
3. 盖上锅盖，大火续焖5分钟，放入金针菇、盐，焖2分钟至熟。
4. 揭开盖，放入芝麻油、黑胡椒，拌匀后装碗，放上香菜即可。

妈妈说

优质的面筋呈白色、圆球形、大小均匀、有弹性。面筋具有生津止渴、补血益气的功效。

Agrocybe cylindracea

茶树菇

心血管患者的理想食品

茶树菇是集高蛋白、低脂肪、低糖分、保健食疗于一身的纯天然无公害保健食用菌。茶树菇还含有人体所需的18种氨基酸。

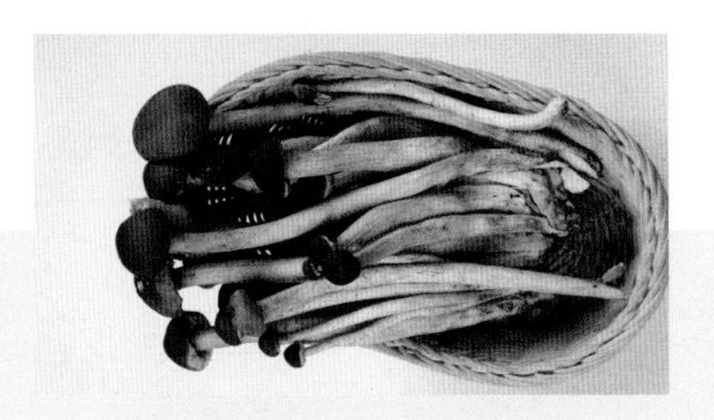

食品成分表 【可食部100克】

能量	279千卡
蛋白质	23.1克
脂质	2.6克
碳水化合物	56.1克
膳食纤维	15.4克

茶树菇的选购和保存

茶树菇应挑选粗细、大小一致的，稍微有些棕色比较好。闻起来有霉味的茶树菇是绝对不可以买的。

★★★

姬松茸茶树菇鸡汤

做法

1. 姬松茸和茶树菇注水泡发30分钟。
2. 锅中注水烧开，汆煮鸡块后捞出。
3. 砂锅注水，倒入鸡块、姬松茸、茶树菇、红枣、白芍，煮开后转小火煮100分钟。
4. 掀开盖，加入枸杞，再煮20分钟后加盐，搅匀调味后装盘即可。

材料

     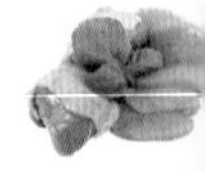

姬松茸茶树菇鸡汤汤料1/2包（姬松茸、茶树菇、枸杞、白芍、红枣）＋清水1000毫升＋鸡块200克＋盐适量

茶树菇蒸牛肉 ★★★

材料

水发茶树菇250克

牛肉330克

+

姜末少许

+

蒜末少许

+

蚝油8克

+

盐2克

+

料酒4毫升

+

水淀粉4毫升

+

胡椒粉2克

+

生抽5毫升

+

食用油适量

做法

1. 泡发好的茶树菇去根。牛肉切片装碗，加料酒、姜末、胡椒粉。
2. 再加蚝油、生抽、水淀粉、食用油、盐，拌匀腌渍10分钟。
3. 茶树菇倒入沸水锅焯煮后捞出，放入蒸碗，并倒入腌好的牛肉。
4. 将蒜末撒在牛肉上，加盖，大火蒸25分钟后取出即可。

妈妈说

茶树菇具有健脾、利水、止泻的功效，而牛肉具有强筋壮骨、益气血的作用，两者搭配食用，功效更佳。

Hericium erinaceus

猴头菇

抑制病毒，含丰富的膳食纤维

在菌类蔬菜里面，猴头菇是比较少见的一种，也是一种名贵的食用菌，被列入八大山珍之一。猴头菇作为食材，是美味菜肴，同时它也是药材，用猴头菇这一药材制成的药品叫猴菇片，具有提高免疫力、抗肿瘤、抗衰老、降血脂等多种生理功能，可用于胃、十二指肠溃疡及慢性胃炎的治疗。

食品成分表 【可食部100克】

能量	27千卡
水分	92克
蛋白质	2.0克
脂质	0.4克
碳水化合物	4.8克
膳食纤维	4.2克
磷	37毫克
钙	3.0毫克
钠	175.2毫克
镁	5.0毫克
铁	0.4毫克

猴头菇的选购

选择菇体饱满、圆润、菌须紧实不脱落、无异味的为佳。新鲜时，猴头菇为白色，干燥后就会变成淡褐色。

猴头菇的清洗

烹饪猴头菇前要用冷水浸泡15分钟，挤干水分。食用猴头菇要经过洗涤、胀发、漂洗和烹制四个阶段，直至软烂如豆腐时，营养才析出。

虫草花猴头菇竹荪汤 ★★★★

材料

简单爱虫草花猴头菇竹荪汤1包（虫草花、猴头菇、竹荪、怀山药、太子参）

+

瘦肉200克

+

水800~1000毫升

+

盐适量

做法

1. 猴头菇单独泡发30分钟，虫草花、太子参、怀山药泡发10分钟，竹荪单独泡发10分钟。均泡发后捞出，沥干水分，待用。
2. 沸水锅中放入瘦肉块，汆煮后捞出，放入注水的砂锅中。
3. 再放入猴头菇、竹荪、虫草花、太子参、怀山药，搅拌均匀。
4. 加盖，煮开后转小火续煮2小时，揭盖，加盐调味即可。

妈妈说

良好的竹荪颜色为淡黄色，劣质的竹荪有硫磺气味，颜色很白。竹荪能够防癌抗癌、滋补强壮、益气补脑。

红烧猴头菇 ★★★★

材料

大白菜200克
+

水发猴头菇80克
+

竹笋80克
+

姜片少许
+

葱段少许
+

盐3克
+
鸡粉3克
+
蚝油8克
+
料酒10毫升
+
水淀粉5毫升
+
食用油适量

做法

1. 竹笋、猴头菇切小块，大白菜切成段，备用。
2. 锅中注水烧开，放入盐、鸡粉、料酒、竹笋、猴头菇，焯煮1分钟后加入大白菜，拌匀，再煮1分钟。再将焯好的食材捞出。
3. 用油起锅，放入姜片、葱段，爆香。倒入焯过水的食材，翻炒。
4. 淋入料酒提味，然后加蚝油、鸡粉和清水炒匀，淋入水淀粉，翻炒均匀后盛盘即可。

妈妈说

选购竹笋时，应该选择棕黄色的、根部边上为白色的。笋肉越白越好吃。

Pleurotus eryngii

杏鲍菇

抑制病毒，丰富的膳食纤维

杏鲍菇菌肉肥厚，质地脆嫩，特别是菌柄组织致密、结实、乳白，可全部食用，且菌柄比菌盖更脆滑、爽口，被称为“平菇王”、“干贝菇”，具有愉快的杏仁香味和如鲍鱼的口感，适合保鲜、加工，深得人们的喜爱。它还具有降血脂、降胆固醇、促进胃肠消化、增强机体免疫力、防止心血管病等功效。

食品成分表 【可食部100克】

能量	24千卡
水分	87.5克
蛋白质	3.6克
脂质	0.1克
碳水化合物	7.4克
胡萝卜素	0微克
磷	0毫克
钙	0毫克
钠	0毫克
镁	120毫克
铁	0毫克

杏鲍菇的选购

选择色泽乳白，肉质肥厚坚挺，没有潮湿或腐败，无异味的为佳。干杏鲍菇以质干脆而不碎者为好。

杏鲍菇的保存

刚买回来的杏鲍菇是很新鲜的，尽可能在10天内食用。如果杏鲍菇发黄有黏液，即表示已经不新鲜了。

豆芽蟹肉棒杏鲍菇汤 ★★★

材料

黄豆芽50克

\+

杏鲍菇40克

\+

蟹肉棒20克

\+

生抽4毫升

做法

1. 杏鲍菇洗净切小块，蟹肉棒切成小块，待用。
2. 倒入豆芽、蟹肉棒、杏鲍菇、清水和生抽，用保鲜膜将碗盖住。
3. 放入微波炉加热3分20秒，取出后揭去保鲜膜即可。

妈妈说

蟹肉棒是鱼糜加工的传统产品，肉质结实有韧性，具有咸中略带甜的鲜美海鲜风味。

杏鲍菇炒牛肉丝 ★★★★

材料

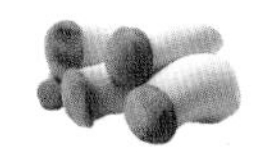

杏鲍菇110克
+

牛肉230克
+

圆椒80克
+

姜片10克
+
葱段10克
+
蒜末10克
+
料酒8毫升
+
生抽8毫升
+
盐3克
+
鸡粉3克
+
胡椒粉2克
+
白糖2克
+
水淀粉4毫升
+
食用油适量

做法

1. 杏鲍菇切段，圆椒切条，牛肉切丝。
2. 牛肉装碗，加料酒、盐、鸡粉、胡椒粉、生抽、水淀粉，拌匀，腌渍10分钟。
3. 锅注水烧开，氽煮杏鲍菇后捞出，再将牛肉氽煮后捞出。
4. 热锅注油，烧至四成热，放入牛肉丝滑油后捞出。倒入青椒丝、红椒丝、姜丝、蒜末、杏鲍菇、料酒炒香。
5. 加牛肉、生抽、盐、味精、糖、鸡粉、水淀粉、熟油炒匀即可。

part 6 粗粮更养人

光是好吃好看也不行，营养功效更重要，粗细要兼顾，粗粮作为补充各种维生素和矿物质的主要来源，占据着我们饭桌的重要位置。秘制各种粗粮的无敌私房菜，道道看家经典，款款惹你流口水！结束在外吃饭的习惯吧！回到家里，走进厨房，不再如临大敌。在家也能做出美味、营养的健康家常菜！

粗粮食用过多也是不好的，反而会影响吸收，因为过多的膳食纤维可能会导致肠道阻塞、脱水等症状。

Brown rice

糙米

强骨和血、补中益气

糙米是指除了外壳之外都保留的全谷粒，即含有皮层、糊粉层和胚芽的米。糙米的营养价值比精白米高。

食品成分表 【可食部100克】

能量	332千卡
蛋白质	8.07克
脂质	1.85克
碳水化合物	77.9克
膳食纤维	2.33克

糙米的选购和保存

米粒饱满、黄褐色、透明状、无霉烂味、不易碎的为佳。吃不完的用双层塑胶袋装好密封，冷藏保存为好。

★★★

芋头糙米粥

做法

1. 砂锅注水，倒入糙米、燕麦。
2. 煮开后转小火煮40分钟。
3. 揭盖，倒入芋头丁，续煮30分钟。
4. 揭盖，搅拌一下。
5. 关火后盛出煮好的粥，装碗即可。

材料

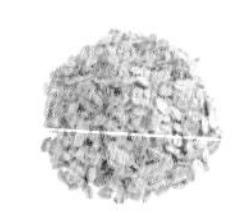

水发糙米125克 ＋ 水发燕麦100克 ＋ 去皮芋头140克

红薯糙米饼 ★★★★

材料

红薯片200克

+

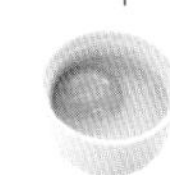

蛋清50毫升

+

糙米粉150克

+

工具

电动搅拌器1个

做法

1. 红薯片放入蒸锅中，大火蒸15分钟至熟后取出，用勺子压成泥状。
2. 碗中加入蛋清，用电动搅拌器搅拌至鸡尾状，待用。
3. 糙米及打发好的蛋清倒入红薯泥中，拌匀成浆糊，放入热锅中。
4. 戴上一次性手套，用手压制成饼状，烙至两面金黄，放在砧板上，切成数块扇形后装盘即可。

妈妈说

红薯具有抗癌、保护心脏、预防糖尿病、健脾开胃、强肾滋阴的功效。

The seed of Job's tears

薏米

健脾益胃、清水利湿

薏米是禾本科植物薏苡的种仁，营养价值很高，被誉为“世界禾本科植物之王”。薏米可用作粮食吃，味道和大米相似，且易消化吸收，煮粥、做汤均可。夏秋季和冬瓜煮汤，既可佐餐食用，又能清暑利湿。由于薏米营养丰富，是很好的药用食物，可经常服用。

食品成分表 【可食部100克】

能量	357卡
水分	11.2克
蛋白质	12.8克
脂质	3.3克
碳水化合物	71.1克
膳食纤维	2.0克
磷	217毫克
钙	42毫克
钠	3.6毫克
镁	88毫克
铁	3.6毫克

薏米的选购

薏米以粒大、饱满、色白者为佳。选择质地硬而有光泽、颗粒饱满、呈白色或黄白色、坚实的比较好。

薏米的保存

保存薏米需要低温、干燥、密封、避光四个基本原则，其中低温是最关键的因素。应用密封夹夹紧包装袋，放入冰箱内冷藏保存。

山药薏米虾丸汤 ★★★★

材料

虾丸250克

\+

山药50克

\+

水发薏米30克

\+

葱花少许

\+

盐2克

\+

鸡粉2克

\+

胡椒粉适量

做法

1. 虾丸对半切开，在两面上打上网格花刀。
2. 山药切块后放入沸水锅中，再加入虾丸、薏米，搅拌片刻。
3. 盖上锅盖，煮开后转小火煮30分钟后加盐、鸡粉、胡椒粉。
4. 搅拌调味，将煮好的汤盛出装入碗中，撒上葱花即可。

妈妈说

虾丸的制作要将处理干净的虾剁成泥状，左手将虾泥从虎口中挤出球状，右手用蘸了油的勺舀出。

芸豆薏米二十谷养生粥 ★★★★

材料

芸豆薏米二十谷养生粥材料包1包（糯米、小米、黑米、糙米、黄豆、绿豆、黑芸豆、花芸豆、红芸豆、黑豆、薏苡仁、玉米片、玉米渣、燕麦片、燕麦米、荞麦、红豆、豇豆、海带、西米）

+

水800毫升

做法

1. 将材料洗净后浸泡2小时。
2. 砂锅注水烧开，倒入泡好的材料，搅拌均匀。
3. 加盖，煮开后转小火煮20分钟后揭盖，搅拌均匀。
4. 再加盖，续煮40分钟至粥品黏稠后关火，盛出即可。

妈妈说

芸豆含有丰富的蛋白质、钙、铁、B族维生素等营养成分，常食能够促进肌肤新陈代谢，缓解皮肤、头发的干燥。

Soybean

黄豆

利水下气、制诸风热

黄豆又名大豆，古称菽，是一种种子含有丰富蛋白质的作物。由于它的营养价值很高，500克黄豆相当于1000 多克瘦猪肉，或1500克鸡蛋，或6000毫升牛奶的蛋白质含量，脂肪含量也在豆类中占首位，故被称为“豆中之王”、“田中之肉”、“绿色的牛乳”等。

食品成分表 【可食部100克】

能量	359千卡
水分	10.2克
蛋白质	35克
脂质	16克
碳水化合物	34.2克
胡萝卜素	220微克
磷	465毫克
钙	191毫克
钠	2.2毫克
镁	191毫克
铁	8.2毫克

黄豆的选购

选购黄豆时，应该挑选色泽鲜艳、颗粒饱满且整齐均匀的为佳。咬开黄豆，深黄色的含油量丰富，质量比较好。

黄豆的保存

保存黄豆时，可以将辣椒干若干与黄豆混合后，放入密封罐里，将密封罐放在通风干燥处即可。

苦瓜黄豆鸡脚汤 ★★★★★

材料

鸡爪120克

+

苦瓜55克

+

瘦肉60克

+

水发黄豆140克

+

姜片少许

+

盐3克

+

鸡粉少许

做法

1. 苦瓜切小块，瘦肉切块，鸡爪对半切开。
2. 锅中注水烧开，放入瘦肉块、鸡爪，汆煮后捞出。
3. 砂锅注水烧开，倒入汆好的食材、黄豆、姜片、苦瓜，搅匀。
4. 加盖，烧开后转小火煲煮约120分钟，去除浮沫。
5. 加盐、鸡粉，拌匀，再略煮，至汤汁入味后装碗即可。

妈妈说

夏季食用此汤品，倍感凉爽舒适、清心开胃，具有消暑、清热、滋润的功效。

香菜拌黄豆 ★★

材料

水发黄豆200克

+

香菜20克

+

姜片少许

+

花椒少许

+

盐2克

+

芝麻油5毫升

做法

1. 锅中注水烧开，倒入黄豆、姜片、花椒、盐。
2. 煮开后转小火煮20分钟后将食材捞出，装碗，拣去姜片、花椒。
3. 将香菜加入黄豆中，加入盐、芝麻油，搅拌至入味。
4. 将拌好的食材装入盘中即可。

妈妈说

挑选香菜时，应该尽量挑选偏小、深绿色、叶子平整、没有黄叶子的。

Mung bean

绿豆

消肿下气、清热解暑

绿豆是我国人民的传统豆类食物。绿豆中含多种维生素，钙、磷、铁等矿物质含量比粳米更为丰富，因此，它不但具有良好的食用价值，还具有非常好的药用价值，有“济世之良谷”之称。绿豆在每年的三四月间下种，秋季收获，食用方式较多。

食品成分表 【可食部100克】

能量	18千卡
水分	12.3克
蛋白质	2.1克
脂质	0.1克
碳水化合物	2.9克
胡萝卜素	20微克
磷	37毫克
钙	9.0毫克
钠	4.4毫克
镁	18毫克
铁	0.6毫克

绿豆的选购

优质绿豆外皮蜡质，籽粒饱满、均匀，很少破碎，无虫，不含杂质。向绿豆哈一口热气并立即闻一下，优质绿豆具有清香味。

绿豆的保存

储存绿豆时，可以先把绿豆放到太阳下晒一下，然后用塑料袋装起来，再在塑料袋里放几瓣大蒜。

绿豆饭 ★★

材料

水发大米170克

\+

水发绿豆100克

做法

1. 砂锅注水烧热，倒入绿豆、大米，搅散。
2. 盖上盖，烧开后转小火煮约45分钟，至食材熟透。
3. 揭盖，搅拌一会儿，关火后盛出煮熟的米饭。
4. 装在碗中，稍微冷却后食用即可。

妈妈说

绿豆不容易煮软，可以将绿豆提前泡发一晚，煮出来的绿豆饭会更加熟软、香甜。

绿豆薏米汤 ★★★★

材料

水发绿豆30克

+

水发薏米20克

+

水发百合20克

+

冰糖25克

+

300毫升焖烧罐1个

做法

1. 往焖烧罐中加入泡发好的绿豆、薏米、百合，注入煮沸的开水至八分满。
2. 盖上盖，摇晃片刻，再静置1分钟，使焖烧罐和食材充分预热，打开盖，倒出水，续往焖烧罐中倒入冰糖。
3. 再次注入煮沸的开水至八分满，盖上盖，摇晃片刻，焖4小时至食材熟透即可。

妈妈说

绿豆和薏米都是比较硬的食材，通常需要泡一晚上，但百合用温水泡半个小时到一个小时就可以了。

Ormosia

红豆

利水消肿、解毒排脓

红豆又称小豆、赤小豆，小小一颗红豆就有含量相当高的铁质，是很平民化的补血圣品，对气血虚弱的女性尤其有用，常用来煮甜食。此外，红豆也是十分健康的食材。因为红豆本身含有丰富的纤维质、配糖体及皂草苷，因此有活化心脏、增进排毒以及帮助排便的功效。

食品成分表 【可食部100克】

能量	240千卡
水分	12.6克
蛋白质	4.8克
脂质	3.6克
碳水化合物	55.1克
胡萝卜素	80微克
磷	89毫克
钙	2.0毫克
钠	3.3毫克
镁	13毫克
铁	1.0毫克

红豆的选购

选购红豆时应选购表面紫红色或暗红棕色，平滑，稍具光泽或无光泽，颗粒饱满、色紫红发暗者为佳。

红豆的保存

清洁后放入密封罐里，置于阴凉、干燥、通风的地方保存。红豆可与干草木灰混在一起密封保存，可以保存很长的时间。

红豆松仁双米饭 ★★★★

材料

水发大米40克

+

水发小米20克

+

松子仁10克

+

鲜香菇10克

+

水发红豆10克

+

青豆15克

+

300毫升的焖烧罐1个

做法

1. 焖烧罐中倒入泡发好的大米、小米、红豆、鲜香菇片、青豆。
2. 注入沸水至八分满，旋紧盖子，摇晃片刻，静置1分钟。
3. 揭盖，将开水倒出，再倒入一半的松子仁，注入沸水至八分满。
4. 旋紧盖子，摇晃片刻，使食材充分混匀，焖烧4个小时。
5. 揭盖，将焖烧好的米饭盛入碗中，铺上剩下的松子仁即可。

妈妈说

松子仁选择壳色浅褐、光亮的，肉色洁白，松子颗易碎、声脆，仁肉易脱出的为佳。

红豆玉米发糕 ★★★★

材料

面粉100克

+

玉米面粉120克

+

水发红豆90克

+

酵母适量

+

泡打粉适量

+

白糖适量

做法

1. 取大碗，倒入面粉、玉米面粉、红豆、白糖、酵母、泡打粉，拌匀，分次注水，和匀压平，用保鲜膜封住碗口，静置60分钟。
2. 取蒸盘，刷上底油，放入发酵好的面团，铺平，做好造型。
3. 电蒸锅烧开后放入蒸盘，盖上盖，蒸约20分钟后取出蒸盘。
4. 食用时将蒸好的发糕分成小块即可。

妈妈说

玉米面没有等级之分，按颜色分有黄玉米面和白玉米面两种，具有美容养颜、延缓衰老、降血压的功效。

Bean curd

豆腐

补益清热、清热润燥

豆腐是最常见的豆制品，又称水豆腐。主要的生产过程：一是制浆，即将大豆制成豆浆；二是凝固成形，即豆浆在热与凝固剂的共同作用下凝固成含有大量水分的凝胶体，即豆腐。豆腐里的高氨基酸和蛋白质含量使之成为谷物很好的补充食品，素有“植物肉”之美称。豆腐含有丰富的植物雌激素，对防治骨质疏松症有良好的作用。

食品成分表 【可食部100克】

能量	82千卡
水分	82.8克
蛋白质	8.1克
脂质	3.7克
碳水化合物	4.2克
膳食纤维	0.4克
磷	119毫克
钙	164毫克
钠	7.2毫克
镁	27毫克
铁	1.9毫克

豆腐的选购

南豆腐俗称水豆腐，内无水纹、无杂质、晶白细嫩的为优质，用刀切要不碎，还不能太老。色泽光亮。口感好。无异味的为佳。

豆腐的保存

把豆腐放在盐水中煮开，放凉之后连水一起放在保鲜盒里再放进冰箱，至少可以存放一个星期不变质。

煎椒盐豆腐 ★★★★

材料

豆腐250克
+

葱花3克
+

白芝麻2克
+

椒盐少许
+

盐2克
+

鸡粉2克
+

食用油适量

做法

1. 豆腐对半切开，切成片。
2. 热锅注油烧热，将豆腐煎至两面焦黄色，再撒上白芝麻、椒盐。
3. 放入盐、鸡粉，搅拌煎至入味。
4. 撒上葱花，煎出香味。
5. 将煎好的豆腐盛出装入盘中即可。

妈妈说

白芝麻具有含油量高、色泽洁白、口感好、香醇等特点，经常食用能够养血、润泽皮肤。

凉拌油豆腐 ★★★★

材料

油豆腐110克

+

香菜少许

+

姜末少许

+

葱花少许

+

盐少许

+

生抽5毫升

+

芝麻油5毫升

做法

1. 油豆腐对半切开后放入沸水锅中，汆煮后捞出，沥干水分。
2. 将放凉的油豆腐装碗，放入姜末、葱花。
3. 加入盐、鸡粉、生抽、芝麻油，搅拌均匀。
4. 将拌匀的油豆腐装盘，放上洗净的香菜即可。

妈妈说

油豆腐是豆腐的炸制食品，色泽金黄，内如丝肉，细致绵空，富有弹性。

Red dates

红枣

防治骨质疏松、补血降压

红枣又名大枣，特点是维生素含量非常高，有“天然维生素丸”的美誉，具有滋阴补阳补血之功效。

食品成分表 【可食部100克】

能量	276千卡
水分	26.9克
蛋白质	3.2克
脂质	0.5克
碳水化合物	67.8克

红枣的选购和保存

优质大枣整体很饱满，裂纹较少，大个的枣，果肉会很厚。深红色的大枣一般都很甜，因为日晒很充足。

★★★

红枣莲子焖银耳

做法

1. 红枣去核。泡发好的银耳去根，撕小块。
2. 往焖烧罐中放莲子、银耳、桂圆、红枣，加沸水至八分满，盖上盖，摇晃片刻，焖1分钟，打开盖，将水倒出，加冰糖冰糖。
3. 再次注沸水至八分满，用勺子搅拌片刻。
4. 盖上盖，焖2小时后装碗即可。

材料

水发银耳60克 + 水发莲子30克 + 红枣2颗 + 桂圆5克 + 冰糖30克 + 300毫升焖烧罐1个

牛奶红枣炖乌鸡 ★★★★★

材料

乌鸡块370克

+

牛奶100毫升

+

红枣35克

+

姜片少许

+

盐2克

+

鸡粉2克

+

白胡椒粉适量

做法

1. 锅中注水，倒入乌鸡块，汆煮后捞出。
2. 取炖盅，倒入乌鸡块、姜片、红枣、牛奶，注水至没过食材。
3. 加盐、鸡粉、白胡椒粉，拌匀，盖上盖放入电蒸锅中。
4. 蒸2小时后，取出炖盅即可。

妈妈说

用牛奶入汤是粤式汤品的一大特色，能够让汤品香浓绵滑，更让营养加倍，具有养颜美容的功效。

Peanut

花生

润肺化痰、滋养补气

花生又名落花生，双子叶植物，叶脉为网状脉，种子有花生果皮包被。其滋养补益，有助于延年益寿，所以民间又称“长生果”，并且和黄豆一样被誉为“植物肉”、“素中之荤”。除供食用外，还用于印染、造纸工业。花生也是一味中药，适用于营养不良、脾胃失调、咳嗽痰喘、乳汁缺少等症。

食品成分表 【可食部100克】

能量	298千卡
水分	48.3克
蛋白质	12克
脂质	25.4克
碳水化合物	5.3克
胡萝卜素	10微克
磷	250毫克
钙	8毫克
钠	4毫克
镁	110毫克
铁	3.4毫克

花生的选购

优质花生果荚呈土黄色或白色，果仁呈各不同品种所特有的颜色，色泽分布均匀一致。

花生的保存

花生米晒干，待凉后用塑料袋装起，在袋中放1小包花椒，将袋密封好置于阴凉、干燥处。

花生炖羊肉 ★★★★★

材料

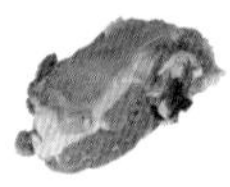

羊肉400克
+

花生仁150克
+

葱段少许
+

姜片少许
+

生抽10毫升
+

料酒10毫升
+
水淀粉10毫升
+
盐3克
+
鸡粉3克
+
白胡椒粉3克
+
食用油适量

做法

1. 羊肉切块后放入沸水锅中，汆煮后捞出。
2. 热锅注油烧热，放入姜片、葱段，爆香，加入羊肉、料酒。
3. 再加生抽、清水、花生仁、盐，煮开后转小火炖30分钟。
4. 揭盖，加入鸡粉、白胡椒粉、水淀粉，充分拌匀后盛盘即可。

妈妈说

花生炖羊肉具有润肺化痰、滋养补气、利水消肿、和胃、滑肠润道的功效。

花生沙葛墨鱼汤 ★★★

材料

去皮沙葛120克
+

墨鱼150克
+

水发花生30克
+

姜片少许
+

葱花少许
+

盐3克
+

鸡粉3克
+

白胡椒粉3克
+
食用油适量

做法

1. 沙葛切块。墨鱼表面切上十字花刀，改切成片。
2. 砂锅注水烧开，倒入沙葛、墨鱼、花生米、姜片，拌匀，煮沸。
3. 加盖，调小火煮30分钟后加入盐、鸡粉、白胡椒粉。
4. 充分拌匀至入味后盛入碗中，撒上葱花即可。

妈妈说

在挑选沙葛的时候，不宜选择过大的，一般选择表皮光滑、拿起来沉甸甸的。

Sesame

芝麻

延年益寿、预防贫血

芝麻是胡麻的籽种，它遍布于世界上的热带地区以及部分温带地区。芝麻是我国主要的油料作物之一，它的种子含油量高达61%。芝麻（种子）扁圆，有白、黄、棕红或黑色，以白色的种子含油量较高，黑色的种子入药，味甘性平，有补肝益肾、润燥通便之功。

食品成分表 【可食部100克】

能量	517千卡
水分	5.3克
蛋白质	19.1克
脂质	39.6克
碳水化合物	24克
膳食纤维	9.8克
磷	516毫克
钙	780毫克
钠	8.3毫克
镁	290毫克
铁	22.7毫克

芝麻的选购

优质黑芝麻有光泽，颗粒大小均匀，无虫，不含杂质。劣质黑芝麻的色泽暗淡，颗粒大小不匀，饱满度差，碎米多，有虫，有结块等。

芝麻的保存

可将黑芝麻炒熟后再放入干燥的罐子里，盖起来，放在通风避光的地方，使用也比较方便。

烤黑芝麻龙利鱼 ★★★

材料

龙利鱼300克
+

鸡蛋液50克
+

黑芝麻10克
+

朗姆酒10毫升
+

黑胡椒粉10克
+

柠檬汁60毫升
+

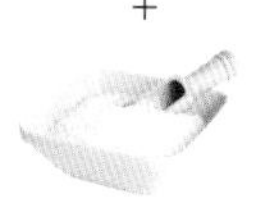

盐3克
+
食用油适量

做法

1. 龙利鱼切段，加朗姆酒、柠檬汁、黑胡椒粉、盐腌渍10分钟。
2. 热锅注油烧热，放入龙利鱼，煎至六成熟。
3. 将煎好的鱼放入鸡蛋液中，倒入黑芝麻，拌匀。
4. 烤盘刷上食用油，放上龙利鱼，将上下管温调至200℃，烤10分钟后取出即可。

妈妈说

龙利鱼肉质细嫩、营养丰富、出肉率高、味道鲜美，刺少肉多。

牛蒡白芝麻沙拉 ★★

材料

去皮牛蒡100克

+

黄瓜100克

+

熟白芝麻5克

+

椰子油5毫升

+

蜂蜜10克

+

椰子油沙拉酱40克

+

简易橙醋酱油10毫升

做法

1. 黄瓜切丝；牛蒡切丝后倒入沸水锅中，加蜂蜜，焯煮后捞出。
2. 热锅注椰子油烧热，倒入牛蒡丝、简易橙醋酱油，炒匀。
3. 将牛蒡丝、黄瓜丝、椰子油沙拉酱、熟白芝麻倒入碗中，拌匀。
4. 热锅注油，烧至七成热，加牛蒡丝、黄瓜丝，油炸后装盘即可。

妈妈说

牛蒡外形酷似山药，如果表皮粗糙、根须长，表示肉质松散、口感较差，不宜购买。

Chinese chestnut

板栗

补肾益气、活血止血

栗子是壳斗科栗属的植物，原产于中国，分布于越南、中国台湾以及大陆地区。栗子营养丰富，含有大量的维生素C。

食品成分表 【可食部100克】

能量	212千卡
水分	52克
蛋白质	4.8克
脂质	1.5克
碳水化合物	42.2克

板栗的选购

在选购栗子时，应该选择外壳褐色、质地坚硬、表面光滑、无虫眼、无杂斑、呈半圆状的优质栗子。

★★★

莲藕板栗老鸭汤

做法

1. 板栗对半切开。莲藕切成片。
2. 沸水锅中放入鸭肉、料酒，汆煮后捞出。
3. 杯中放入鸭肉、姜片、板栗、莲藕拌匀。
4. 放入盐、鸡粉，注入300毫升清水。
5. 盖上保鲜膜后放入电蒸锅，蒸1小时。
6. 取出后撒上白胡椒粉、葱花，拌匀即可。

材料

鸭肉150克 ＋ 板栗仁80克 ＋ 莲藕100克 ＋ 姜片3克 ＋ 葱花2克 ＋ 料酒5毫升 ＋ 盐2克 ＋ 鸡粉3克 ＋ 白胡椒粉2克

黑啤板栗烧鸡 ★★★★

材料

鸡肉块255克
+

板栗100克
+

黑啤酒100毫升
+

花椒粒10克
+

桂皮适量
+
姜片适量
+
葱段适量
+
八角适量
+
盐2克
+
生抽5毫升
+
鸡粉2克
+
水淀粉4毫升
+
食用油适量

做法

1. 锅中注水烧开，汆煮鸡肉块后捞出，沥干水分。
2. 用油起锅，倒入八角、桂皮、花椒粒、姜片，爆香。
3. 倒入鸡肉块、黑啤酒、板栗、生抽、盐，翻炒调味。
4. 盖上锅盖，煮开后转小火煮10分钟后加鸡粉、水淀粉，翻炒。
5. 倒入葱段，快速翻炒片刻，炒出香味后装盘即可。

妈妈说

黑啤又称为浓色啤酒，口味比较醇厚，略带甜味，享有“黑牛奶”的美誉。

Nut

核桃

补气养血、润燥化痰

核桃属种子植物门，木材坚韧，可以做器物，果仁可以吃，可以榨油，也可以入药。原产于近东地区，又称胡桃、羌桃，与杏仁、腰果、榛子并称为世界著名的“四大干果”。它既可以生食、炒食，也可以榨油及配制糕点、糖果等，被誉为“万岁子”、“长寿果”。

食品成分表 【可食部100克】

能量	654千卡
水分	49.8克
蛋白质	15.2克
脂质	29.9克
碳水化合物	6.1克
膳食纤维	4.3克
灰分	1.4克
硫胺素	0.07毫克
核黄素	0.14毫克
维生素C	10毫克
维生素E	41.17毫克

核桃的选购

选购时，应挑选形状肥大丰满完整、质干、色泽黄白者的核桃仁为佳。

核桃的保存

核桃是油料作物，如果暂时吃不完，应该保存于低温干燥处。可将核桃仁装入食品袋，放入冰箱的冷冻柜中保存。

核桃苹果拌菠菜 ★★

材料

苹果80克

\+

核桃仁70克

\+

菠菜150克

\+

洋葱40克

\+

盐适量

\+

白胡椒粉适量

\+

橄榄油适量

做法

1. 苹果去核，切小块。菠菜切成段。洋葱切丝。
2. 锅中注水烧开，汆煮菠菜后捞出，沥干水分。
3. 热锅中注橄榄油，倒入洋葱丝、苹果、核桃仁，翻炒均匀。
4. 关火，倒入备好的菠菜，翻炒匀，加盐、白胡椒粉，搅拌入味。
5. 将拌好的菜肴盛出装入盘中即可。

妈妈说

购买苹果的时候，应该选择有一丝丝条纹的，条纹越多，苹果越甜。

南瓜核桃沙拉 ★★

材料

梨泥20克

+

南瓜250克

+

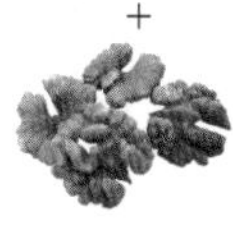

核桃10克

做法

1. 锅中注水烧开，倒入南瓜丁、核桃，搅拌片刻。
2. 盖上锅盖，大火煮至南瓜熟烂。
3. 揭盖，将煮好的食材捞出，装入碗中。
4. 浇上备好的梨泥，即可食用。

妈妈说

梨泥是将梨子果肉捣烂制成的，具有生津润燥、清热化痰的作用，还能促进食欲、帮助消化。

Sweet potato

红薯

补气益力、健脾健胃

红薯含有丰富的淀粉、维生素、纤维素等人体必需的营养成分这些物质能保持血管弹性，对防治老年习惯性便秘十分有效。

食品成分表 【可食部100克】

能量	119千卡
蛋白质	1.1克
脂质	24.7克
碳水化合物	77.9克
胡萝卜素	750微克

红薯的选购

一般要选择外表干净、光滑、形状好、坚硬和发亮的。黄瓤红薯体形较长，皮呈淡粉色，含糖多，煮熟后瓤呈红黄色，味甜可口。

★★★★

炸红薯丸子

做法

1. 熟红薯入保鲜袋中擀成红薯泥。
2. 红薯泥放入碗中，加白砂糖、适量清水、面粉，搅拌成面团。
3. 戴上手套，将面团成“球状”。
4. 入油锅中，炸至焦黄色即可。

材料

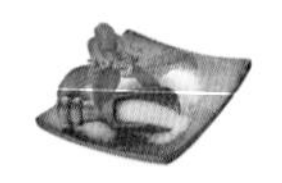

熟红薯280克 ＋ 面粉65克 ＋ 白砂糖20克

工具

擀面杖1跟
保鲜袋1个
一次性手套2个